光的艺术
室内照明设计研究

宋 斌◎著

中国戏剧出版社
CHINA THEATRE PRESS

图书在版编目（CIP）数据

光的艺术：室内照明设计研究 / 宋斌著． -- 北京：
中国戏剧出版社，2024.1
　ISBN 978-7-104-05458-0

　Ⅰ．①光… Ⅱ．①宋… Ⅲ．①室内照明－照明设计
Ⅳ．① TU113.6

中国国家版本馆 CIP 数据核字（2024）第 035886 号

光的艺术：室内照明设计研究

责任编辑：肖　楠
项目统筹：杨秋伟
责任印制：冯志强

出版发行：中国戏剧出版社
出版人：樊国宾
社　　址：北京市西城区天宁寺前街 2 号国家音乐产业基地 L 座
邮　　编：100055
网　　址：www.theatrebook.cn
电　　话：010-63385980（总编室）　　010-63381560（发行部）
传　　真：010-63381560

读者服务：010-63381560
邮购地址：北京市西城区天宁寺前街 2 号国家音乐产业基地 L 座

印　　刷：天津和萱印刷有限公司
开　　本：787mm×1092mm　1/16
印　　张：14.25
字　　数：220 千字
版　　次：2025 年 1 月　北京第 1 版第 1 次印刷
书　　号：ISBN 978-7-104-05458-0
定　　价：79.00 元

·前 言·

　　光是地球生物生存的保障，是人类认知世界的手段，无论是作为能源，还是作为一种刺激信号，它都是关乎生物生息繁衍和行为引导的重要事物。就室内设计而言，没有良好的光环境，空间就无所谓存在，光在室内空间中的直接意义就在于为人们提供一个良好的视觉环境，使空间价值得以实现。随着社会的发展，经济水平不断提高，科技水平也有了长足的进步，人们的生活方式越来越多样化，审美意识与以前相比也有了很大的提升。时代发展要求照明的功能不能只停驻于亮化这一点上，要在实用的基础上满足人们对审美的要求，要构建符合人们生理与心理双重要求的光环境。这也是室内照明设计在当下新的发展路径。

　　室内照明设计要与室内的其他设计相得益彰，这样才能将室内设计更好地展现出来。要从满足室内基本照明需求和特定空间下的功能需求、营造良好的光环境氛围出发进行室内照明设计。在设计过程中要充分考虑空间形态、装修和陈设艺术设计的影响，确保所有设计部分能完美结合，使得最终呈现的室内环境是优质的、人性化的。为了达到这样的设计目标，设计师的能力就要更加全面，包括分析各部分空间功能的能力、审视空间内除照明外其他方面设计特点的能力，并且室内照明设计知识储备丰富、照明艺术鉴赏能力较强。

　　室内空间与展示艺术设计属于一门结合了技术和艺术设计的学科，近些年，发展速度极快。在设置有艺术设计专业的高校中，基本上都设置了环境艺术专业、室内设计专业或展示设计专业。随着社会需求的不断增多，室内空间与展示艺术设计领域的快速发展，设计学科本身也得到了完善和发展。与此同时，教学的专业性也得到了更多的关注。室内设计专业的教学覆盖面越来越广，纵向发展也不断深入：第一，室内设计专业包括建筑与室内空间设计和其他方面如博物馆陈列、各种商业空间设计等；第二，室内设计还涵盖了室内环境设计，包括采光与照明、室内声学、室内家具、绿化配置、水、电、风等，这些方面的专业教学也在室内设计的课程教学中逐渐开展。这些发展使得室内设计专业迫切需要更新教学内容和方法，编研质量更高的专业教材，因此，为了适应学科发展需求撰写了本书。

照明设计不仅是使人们生活得更加便利的一种工具，更是一种生活方式、一种艺术，因此第一章探讨了光与艺术，介绍了光的基础知识，阐述了光的艺术价值，分析了光与室内设计，使读者意识到在现代生活中光是一种艺术存在，并且要将照明设计融入室内设计之中。

室内照明设计是一个复杂的系统，需要由浅入深、循序渐进地了解和学习，需要先对室内照明设计有一个整体上的认识，了解其中最基础的部分，才能继续深入。因此第二章进行了室内照明设计的概述，带领读者了解室内照明设计的基础、原则和依据。

光源是室内照明设计中最主要的工具，设计师们通过对光源的选择和安排，创造出与室内空间功能契合，并且具有艺术性的照明环境。对于室内照明设计中的光源，很多人会错误地将其与人工光源画上等号，而忽视了自然光源，但是作为生物的人类，不管是生理上，还是心理上，都不能没有自然光，因此第三章概述了室内照明设计光源。室内照明设计的光源包含自然光源和人工光源两部分，设计师必须对两种光源的特性有深入的了解和把握，才能够做出优秀的设计。

室内照明设计发展至今，我们已经探索出了很多设计策略，这为今天的设计师的工作提供了参考。第四章论述了光效控制策略、自然光设计策略、人工光设计策略。

任何设计都并非完全天马行空的构想，而是有其自身的原理和规律，室内照明设计也是如此。任何设计工作，不管采取何种策略，都需要根据这些原理，因此第五章介绍了室内照明设计的目的与要求、室内照明设计的程序、室内照明设计的内容、灯具布置的要求。室内照明设计工作都需要从这几个方面出发来思考和构思。

现代社会生产生活不断发展，建筑空间也随之变化，其功能更加突出的同时，也有着多元化的趋势。如写字楼、住宅楼、商场等，都有其主导功能、主要功能，同时其内部空间的功能区也较为多样，这一点在室内照明设计中也有体现。第六章对不同类型的室内空间中的照明设计应用进行了论述。

在撰写本书的过程中，笔者参考了诸多学术文献，得到了许多专家学者的帮助，在此表示真诚感谢。但由于笔者水平有限，书中难免有疏漏之处，希望广大同人及时指正。

宋　斌

2023 年 12 月

目　录

第一章　光与艺术

光是自然界众多组成元素中的一员，它跟空气、自然景观经常是联系在一起的，它往往还跟人们记忆中最美的时刻有所联系，能引起人们生理与情感的反应。本章的主要内容为光的艺术，依次对光的基础知识、光的艺术价值、光与室内设计做出分析。

第一节　光的基础知识

光线与人、所有昼行性动物的大部分生命活动息息相关，是展示生活的一个要素。同时，光线也是热量的视觉对应物，对生命活动力有很好的推动作用。此外，时间、季节的更替也是通过光线展现出来的。在人们通过感官得到的经验中，光线几乎是最辉煌壮观的。正是因为光线的这个特点，人们才会在原始的宗教仪式中对光线奉若神明。随着时间的推移，人们越来越清楚光线的重要性，日常生活和生产活动都离不开光线。然而，极少数的人会发现它美的光辉，这些人包括艺术家、偶然起兴要作诗的普通人，他们通过审美观察和欣赏发现了这一点。

人类总的态度和普遍反应方式从两方面影响了艺术家对光线的认识。一方面，现实生活中的兴趣让人们逐渐变得开始选择性注意一些光线现象，而不是对所有光线现象都有反应，人们不再关注一些常见的、普通的光线现象，对此也不再做出反应。但是一些特殊现象如大爆炸、日食导致的黑暗，会立刻吸引人们的注意力，还会长时间影响人们的情绪。但是，对于一些跟实用目的没有任何关系的事件和事物如火红的枫叶和阳光、苹果的光影层次等，眼睛要想找出其中的意义就必须能够发现火红的枫叶和阳光有什么因果关系，能够一眼发现圆球状的苹果的光影层次。另一方面，艺术家对光线的认知是通过眼睛直接获得的，这种认知与物理层面上科学家解释的光线的含义在本质上有很大的区别。即便是众所周知的一些普通光学知识，也取代不了眼睛直接观察到的现象。如今，距离尼古拉·哥白尼（Nicolaus Copernicus）逝世已经过去了四百多年，呈现在人们眼中的太阳依然是不断运动的。实际上，人的眼睛对很多理论都持接受态度，如宣扬"太阳不断绕地球运行"的古代地心说，太阳东升西落的升降、光芒变化等。

对于一些物理学家告诉人们的科学事实，如人的生命离不开太阳光线的维持、太阳光线要想抵达地球需要跨越大约 1.5 亿千米等，人们的知觉对此则很难直接接受。在人的直观理解中，"天空的光线是由天空自己产生的，与太阳无关，太阳只是存在于天空中的亮度最大的一个部分，它依附于天空，可能天空还是太阳的创造者"。

一、光的基本特性

在人的眼睛里，光线是一种独立的现象，而不是一个物体产生后传递给另外一个物体的，也可以说，光线是某个物体的本质属性，比如"白天"在眼睛看来就是一件能够发光的、很明亮的物体，"白天"的物质组成因素是无数的白色"云雾"。无论是白天还是某一盏灯，它们的光线产生过程都是将物体本身就有的光线引发出来，其过程如同柴草的光线是通过火柴的引发一样。

人们是在实践过程中不断加深对光线的认识的。人的眼睛在适应光线的过程中需要一种转换，这个转换的一部分控制权掌握在眼睛的适应或调节机制中。瞳孔会随着光线亮度的衰弱而自动放大，这种变化的目的是让更多的光线处于眼睛的可接受范围内。除了瞳孔的变化，光线刺激的强弱变化也会使得视网膜上的感受器不断调节感受程度。比如，在一间光线昏暗的房间里，人们刚进入时可能会觉得不习惯，但是用不了多长时间，就会适应这种环境，甚至觉得它不再是昏暗的了，这种现象就如同在某种气味的环境中待的时间久了就闻不到它了。众所周知，一幅古画的古旧只有在与新的白纸对比时才会展现出来，人们沉浸在古画欣赏过程中是感觉不到的。这都说明，转换在这样的时刻悄无声息地发生了。在山西侯马发现的早期先民为观察季节的变化和时间的流逝而设置的天象台遗迹说明，那时的人类已经通过观察光的变化来预测季节的变化，但从形式来看，它已不只是生活意义上的形式，那是先民们创造的一件伟大的艺术品。也许普通人不曾意识到这件杰作，就如我们现在看皮影表演一样，人们只看到皮影艺人高超的表演，忘却了这一传统艺术是通过光而展示的光感艺术作品。

光本质上是一种高频电磁波，光会产生干涉和衍射现象，这表明波动性是光的一个性质；光还有光电效应，这表明粒子性也是光的性质之一。所以，光是一种电磁辐射，还同时具备波动性和粒子性这两种特性，这在科学上被称作光辐射的波粒二象性。

可见光在光谱中所占的比例很小，但是人眼能够感受到可见光的刺激并产生视觉效应。通常情况下，可见光的波长范围是380～780nm（纳米），其更准确的范围是很难界定的。但是，当光的强度很高时，人眼就能感受到更大的波长范围，就是350～900nm。波长和频率是区别不同的光的唯二属性。

二、光的度量

定量分析、测量、计算这三个步骤是照明设计和评价过程中不可缺少的，所以为了形容光源和光环境的特征，就产生了很多物理光度量。其中使用频率比较高的是光通量、照度、发光强度、亮度等。

（一）光通量

光通量（luminous flux）是光向四周发出的对人眼视觉刺激程度的总量。[1]

其物理符号和单位分别是φ（光通量）、流明（lm）。国际单位制及我国的计量规定都将流明看作是导出单位。1cd（坎德拉，发光强度的单位）的均匀点光源在1sr（sr立体角的国际单位）内产生的光通量就是1lm，即1lm＝1cd·1sr。

在照明工程中，光通量是说明光源发光能力的基本量。例如，一只40W（W为电能功率的单位符号）白炽灯发出的光通量为350lm，一只40W荧光灯发出的光通量为2100lm，一只220V（V为电压的单位符号）、2000W溴钨灯发出的光通量为45000lm。

在照明工程中使用频率较高的概念之一是发光效率。以消耗同等数量的电能为前提，不同的电光源辐射出的光通量也是有很大区别的，也就是说，每种电光源都有自己的光电转换效率。发光效率的定义就是电源产生的光通量（φ）与该电源消耗的电功率（P）的比值。

---

[1] 张喆民：《建筑玻璃光学检测技术及应用》，中国建材工业出版社2019年版，第27页。

根据这个定义可将发光效率的计算公式归纳如下：

$$\eta = \phi/P$$

发光效率 η 的单位是流明 / 瓦（lm/W）。

（二）照度

照度是表示物体被照亮的程度的物理量。[1] 如果被照物的表面受光是均匀的，也就是每处照度都相同，那么这个被照物表面接收的光通量就是 $E = \phi/A$（A 为照明面积）。照度的大小跟被照物、人的感受都没有关系，它是一个客观的度量单位。

照度在照明工程的所有规范和标准中的使用频率是最高的。照度用符号"E"表示，单位是勒克斯（lx）。在 $1m^2$（m^2 为平方米）的表面均匀地接收 1lm 的光通量的照射，最终所产生的照度就是 1lx。可以通过照度计测量并读取照度的数值。照度是能够直接加和的。除了勒克斯外，照度还有一个单位——烛光，它代表每平方英尺的光通量。

（三）发光强度

发光强度的简称是光强，用符号"I"表示。发光强度的单位是坎德拉（cd），通常用 $I = d\phi/dw$ 这个公式计算发光强度。

发光强度的作用是度量光源的发光能力，它还可以表示某个方向接收光源辐射而来的光通密度。1lm 每球面度在数量上与 1cd 相等。

在我国法律规定的单位制中，坎德拉是一个基本单位，它在国际单位制中也是一样的。坎德拉是其余光度量单位产生的基础。

方向不同，发光强度就不同。发光强度是光源特有的本质属性，方向是其唯一的控制因素，物体与光源之间的距离长短不会影响光强。

光强经常用来表示由光源和照明灯具产生的光通量分布在空间的不同方向或某个特定方向的密度。比如，一只白炽灯，功率是 40W，能够发出 350lm 光通量，计算平均光强是 $350/4\pi = 28cd$。

（四）亮度

眼睛接收光源或者被照物反射的光线后会在视网膜上形成相关的物像，

---

[1] 蒋英主编：《建筑设备》，北京理工大学出版社 2011 年版，第 200 页。

这样，人们就能够分辨出不同物体的形状和明暗程度。人的眼睛接收光通量后会在视网膜上形成不同密度的物像，物像的密度不同就决定了在视觉上会有不同程度的明暗。这就表明，要从两个方面考虑如何明确物体的明暗：一方面要考虑在规定方向上，物体投影面积的大小，这对物像的大小起直接决定作用；另一方面要考虑在这个规定方向上的光强，这对物像上的光通量密度起直接决定作用。综合考虑这两个方面后，就产生了亮度（luminance）这个新的度量概念。

亮度用符号"L"表示，单位是坎德拉每平方米（cd/m²）。还可以用光源表面沿法线方向上每单位面积的发光强度去定义光源亮度。一般情况下，不同方向的亮度是不一样的，因此，必须在点明方向后再去讨论某一点或者某个有限表面的亮度。

上述四个光度量有不同的应用领域，并且可以互相换算，可用专门的光度仪器进行测量。光通量表示光源辐射能量的大小。光强用来描述光通量在空间的分布密度。照度说明受照物体的照明条件（受光表面光通量密度），它的计算和测量都比较简单，在光环境设计中广泛应用这一概念。亮度则表示光源或受照物体表面的明暗差异。图1-1表明了光通量、光强、照度和亮度的关系。

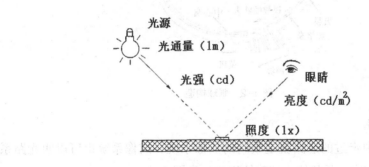

图1-1 光通量、光强、照度和亮度的关系

三、光与视觉

人们获取外界信息的主要途径有视觉、听觉、嗅觉、味觉、触觉等感官知觉，通过它们，我们可以对周围的世界有更清晰的认识。视觉产生的过程及特性都相对复杂，并不是在瞬间就完成和消散的，通过大脑和眼睛的紧密合作，我们才能有各种不同的视觉体验。

（一）视觉的形成

视觉的形成离不开眼睛，可以将眼睛看作是精密的光学仪器，其与照相机有很多相似之处。

眼睛主要由三部分组成，即眼球壁、成像系统和调节系统。

1. 眼球壁

眼睛是一个直径约 24mm（毫米）的略呈椭圆的球体，称为眼球（见图 1-2）。眼球的壁由三层薄膜组成：外层薄膜——角膜和巩膜，中层薄膜——虹膜、睫状体和脉络膜，内层薄膜——视网膜。

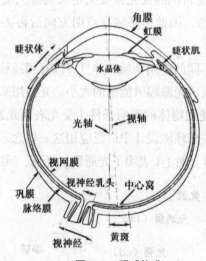

图 1-2　眼球构造

2. 成像系统

光在眼球中走过的道路就是眼睛的成像系统，成像系统也可以叫光路系统，由角膜、前房、晶状体、玻璃体组成（见图 1-3）。

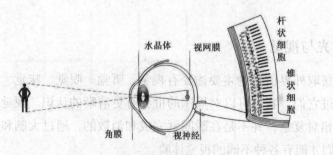

图 1-3　眼睛构造剖面图及成像原理

3. 调节系统

在视网膜上，中央凹区域是唯一的分辨率和视觉灵敏度都高的区域，因此必须对眼睛的各个相关部位进行调节，对射入眼球的光的强弱进行控制，确保目标物的最终成像位置是在中央凹区域，这样才能更清晰地看见目标物。调节系统的作用范围是瞳孔、晶状体和眼球。对瞳孔进行调节是为了确保射入眼球的光线强度是合适的。外界的亮度比较大时，瞳孔就会自动变小；光线比较昏暗时，瞳孔就会自动变大。瞳孔还会根据目标物距离的远近调节大小。晶状体的调节要依靠睫状肌和悬韧带来完成，通过调节可以使晶状体的屈光度发生变化。眼球可以通过转动快速找到要观察的目标物，扩大视觉范围的方式还包括转动头部和身体。

7

（二）视觉体验

现代意义上的第一台照相机诞生于1839年，由法国人路易·雅克·曼德·达盖尔（Louis Jacques Mand Daguerre）制成，这台银版照相机的结构十分简单，仅包括暗箱、镜头和感光材料。其工作原理是：照相机镜头和掌控曝光量的快门会对被摄景物反射出的光线进行聚焦，之后这些光线进入暗箱，在其中的感光材料上成像，对该成像进行冲洗后形成的影像就是永久性的了。之所以会有照相机这一发明，就是人们研究了人眼结构和工作原理后进行了科技创造。

照相机的镜头可以收集和汇聚光线，通过镜头可以对周围环境进行观察。人眼的角膜同样具有收集和汇聚光线的能力。之后，光线通过眼前房（里面充满眼房液），接着，光线通过瞳孔和虹膜上的开口，虹膜内肌肉的舒张和收缩改变瞳孔的大小，控制进入光线的数量。最后，光线通过玻璃体液投射到视网膜上，而照相机则是利用感光材料固定被摄景物的影像。至此，拍照过程结束，但视觉体验并没有结束。那些在视网膜上汇集的影像被视神经运送到大脑，之后这些信息会被大脑分析和破译，最后传递出一个结论——"看到什么"，视觉体验的过程才算完全结束。

人们常说，眼睛是心灵的窗户，通过这扇窗户，我们可以看到不同的风景，而大家面对同样的风景，得出的结论却大不相同。因为眼睛只完成了对信息的收集工作，而完整的视觉体验应包括大脑对视觉信息做出的反应，由于个体的差异，得出的结论不免带有主观的色彩，因此，视觉体验的主观性特征是客观存在的，是不容研究者忽视的方面。

在这里，对视觉设计的研究者们做出提醒，为了确保研究结果的真实有效，需要从主观和客观两方面同时研究视觉体验。

（三）视觉环境

大家都有过类似的视觉体验：白天，从户外进入伸手不见五指的影院内，一开始感觉自己像失明了，过了一段时间，才能逐渐适应。晚上，路灯光线昏暗，远远看见一只黄色的猫停在路中间，走近一看，却发现这是一只白猫。

光环境的亮度、色彩、对比度往往是大多数情况下我们判断视觉环境特征的依据。从这一点上可以知道，我们没有办法在黑暗或光线过于昏暗的情况下对周围环境的特征进行精准的判断。

人的眼睛能够最准确判断物体色彩的条件为照明环境是全光谱的，换言之，任何缺少或加强某个波段光谱的光源，都会影响人眼对物体颜色的判断。人工光源中，白炽灯和卤钨灯这种热辐射光源的波谱与全光谱的相似性最大。钨丝灯光源的色表颜色与卤钨灯相同，都是黄白色的，如果以自然光 100 的显色指数作为参照，显色指数高于 90。在这些光源下，物体显现出最真的颜色，而在高压汞灯和低压钠灯下，同样的物体显现的颜色却偏暖，因为这两种光源的显色指数均低于 39。但是由于人的视觉系统对色彩的认知具有恒常性，因此在不同显色指数的光源下，大脑会对视觉神经感知到的颜色进行加工，最后得出对物体本色的认知。这就是为什么在夜晚昏暗的光线下，我们仍然知道树叶是绿色的，而不是红色的。

光照条件相同时，颜色的物理亮度和物体与环境之间的对比关系这两个因素会对人眼感知环境亮度产生影响。

对人眼判断物体亮度起直接影响作用的是物体的材料质感、表面光滑程度和色彩属性。例如，在同样的人工光照环境中，同样体积的两个立方体，灰色金属质感的立方体比灰色布面的立方体看起来亮很多，因为金属材质的反射系数高于表面颗粒较粗的布面，进入人眼的光线较多。

除此之外，视线内环境亮度和物体亮度之间的对比度也会对眼睛感知外界亮度产生影响。从理论上来说，人眼感受性最高的条件是环境亮度维持在 $100cd/m^2$，物体亮度是环境亮度的 3 倍。例如，将同样体积、颜色和质感的立方体放置在不同照度的环境中，与 100cd/m² 亮度的环境相比，人眼能更迅速地从 300cd/m² 光环境中判断出立方体的特征。

随着环境亮度的持续升高，即使物体亮度始终保持是环境亮度的 3 倍，眼睛的感受性也会呈现出快速下降的趋势；反之，在物体亮度一直保持 3 倍环境亮度的情况下，随着环境亮度的不断降低，眼睛的感受性会保持比较缓慢的下降趋势。举个例子，当我们置身于光线很强的环境中时，更容易出现眩晕的症状，但在光线很暗的环境中则更容易感到放松。值得注意的是，实际生活中，视神经对亮度的判断存在个体差异，换言之，人眼对明暗的适应性不同，做出的判断也不同。

（四）视觉对光的反应

9

1. 识别阈限

能引起视觉体验的最低限度的光量，被称为识别阈限，此概念的产生起源于心理物理学的研究。心理物理学主要研究物理刺激和刺激所产生的心理行为和体验的关系。

德国物理学家费希纳（Fechner）是心理物理学研究领域最重要的人物之一，为了能够确定阈限，将感觉和刺激强度二者之间关系的心理量表建立起来，费希纳提出了一种测量方法，该方法主要用于测量物理刺激强度和感觉体验大小之间的关系。

将该科学的研究方法应用于照明研究中，以量化的方式解释人的视觉体验与光的度量之间的关系，就能确定人在多大的亮度范围内可以感受到光的刺激。视觉的绝对阈限测量实验确定人的最低觉察阈限为"在晴朗黑夜中 30 英里（约为 48 千米）处看到一根燃烧的蜡烛"，同理，可以确定人的视网膜能承受的最高亮度为 106cd/m²，超过此亮度，视网膜会受损，引起识别障碍。

2. 视觉的灵敏度

在可见光谱范围内，人眼的视觉灵敏度会根据波长的变化而相应地改变，所以它并不是均匀的。

可见光谱的范围是 380～780nm，人眼对黄绿色的敏感度最高。在低亮度水平时，整个眼睛视觉灵敏度曲线会左移，相当于靠近较短波长，其最敏锐的高点是 507nm 位置，这个曲线被称为夜晚视觉灵敏度曲线，在高亮度水平时，视觉灵敏度曲线会右移，其最敏锐的高点是 555nm 位置。

但是人眼的视觉灵敏度除了与波长相关外，还受到光源的亮度、环境与目标物的亮度比值、目标物的体积和颜色等相关因素影响。可见，视觉的灵敏度是一个非常复杂的综合性问题。

目前，关于视觉灵敏度的研究，人们普遍接受的研究结论如下：

① 人眼的视觉灵敏度最高的条件是目标物亮度是环境亮度的 3 倍。

② 当目标物的亮度低于周围环境亮度的 1/5 时，视觉灵敏度将削弱一半。

③ 当目标物的亮度与环境亮度的比值超过 5∶1 时，视觉灵敏度也会受到影响，将削弱超过 1/2。

④ 室内空间的照度在 500～1000lx 时是最适宜的，所以，在设计室内普通墙面的亮度时，不应该超出 50～100cd/m² 这个范围。

3. 明视觉、暗视觉

锥体细胞和杆状细胞是两类视觉细胞，存在于人眼结构中的视网膜上，能够接受亮度和色彩刺激的锥体细胞的数量大致是 700 万个。因此，昼间的自然光线下，视觉系统能够同时将彩色和非彩色的物体辨识出来，在晚上或者光线昏暗的地方，发挥作用的视觉细胞是杆状细胞，它的数量大致是 1.2 亿个，这个时候，视觉系统对灰、白二色的感知能力会增强，但是会降低除此之外的色相的感知能力。

实验结果表明，10cd/m² 以上的环境亮度下视觉细胞中发挥作用的是锥体细胞，10cd/m² 以下的环境亮度下视觉细胞中发挥作用的是杆状细胞。锥体细胞工作时，蓝绿区间是人眼的视觉灵敏度最高的波长区间，这种环境中的视觉特性被科学家定义为明视觉；杆状细胞工作时，人眼对彩色的感知能力会变低，这种环境中的视觉特性被科学家定义为暗视觉。

4. 明适应、暗适应

（1）明适应

明适应的定义是人类视觉适应从光线昏暗的地方走到光线明亮的地方这一改变的过程。例如，在游乐场体验过山车，当过山车慢慢地驶进山洞后从山洞口俯冲到室外时，游客发出的尖叫声最大，一方面是因为速度比较快，另一方面是由于从黑洞到亮处，人们一时无法辨认自己所在的高度和方位，产生短暂的眩晕，需要用叫声来驱赶这种紧张感。

当我们从光线昏暗的地方走到光线明亮的地方的时候，大概需要一分钟的时间去让眼睛进行调整和适应，才能逐渐认清周围的物体，这个过程主要分为三个阶段：①瞳孔变小，使得更少的光线进入眼睛；②锥体细胞变得越来越敏感；③杆状细胞飞快地变得越来越不敏感。

（2）暗适应

暗适应的定义是人类视觉适应从光线明亮的地方走到光线昏暗的地方这一改变的过程。例如，当电影开场后，我们从明亮的等待大厅进入漆黑的电影放映厅，感觉一阵紧张，不自觉地用手去扶着墙壁，以防被脚下的障碍物绊倒。

当我们从光线明亮的地方走到光线昏暗的地方的时候，大概需要三十分钟的时间去让眼睛进行调整和适应，才能逐渐认清周围的物体，这个过程也主要分为三个阶段：①瞳孔变大，使得更多的光线进入眼睛；②锥体细胞变得越来越不敏感，但是其感光度会不断增强；③杆状细胞快速变得敏感起来。

四、光与颜色

（一）光色

1. 光源色、固有色、显现色

在照明设计中，色彩的含义并不是单一的，它包括光源原有的颜色，以及在光源照射后，通过吸收、反射、透射，最终物体表现出来的颜色。物体表现出来的颜色又涵盖了固有色和显现色这两个概念。固有色呈现的背景环境是自然光线，显现色呈现的背景环境是人工照明。图1-4表明，从左到右分别是自然光和人工照明环境下的雷峰塔。左边雷峰塔的主要固有色是灰、白二色，右边雷峰塔的主要显现色是金、红二色。光源色、显现色和固有色之间会相互影响，无论是谁发生了变化，剩下的两方都会跟着一起改变。一个物体的颜色取决于光谱分布图中波长距离最长的颜色。比如说，由于中波（绿色）波长的反射比在所有颜色中是最高的，所以我们就会看到叶子是绿色的。当长波（黄色）波长的反射比在所有颜色中最高时，我们就会看到叶子变黄了。

图 1-4　雷峰塔的固有色和显现色

2.色温

　　色温（Color Temperature）最早是由英国物理学家开尔文勋爵（Lord Kelvin）所发现制定的。其测量方式是将标准黑体（指不会反射入射光的黑色材料）加热，在加热过程中，当温度逐渐升高时，光的颜色从深红、浅红、橙黄色一直变色到白、蓝色，因此可理解为"光的颜色随温度变化"，也是一种对光线颜色的度量方式（见图1-5）。其单位为开尔文（K）。一般光源按色温可大致区分为低色温、中色温、高色温三大类。低色温的温度范围小于3300K，低色温光源会让我们感受到温暖和放松；中色温在 3300～6000K 之间，通常能带来舒适感受；高于 6000K 的高色温光源，由于光色偏蓝，会使物体有冷清感（见图1-6）。

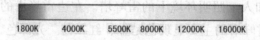

| 1800K | 4000K | 5500K | 8000K | 12000K | 16000K |

图 1-5　色温表

图 1-6　同一场景色温由高到低的视觉效果

家是让人放松的空间，追求的是舒适、温暖的感受，因此在进行灯光规划时，多以色温3000～4000K的光源作为配置。3000K光源趋近于黄色，可有效提升空间温度，4000K光源则比较接近自然光。为了让整体空间格调更为和谐，建议最好统一色温，或者至少在同一区域选用同一色温，如开放式餐厨区、开放式客餐厅等，以维持视觉感受的一致性。商业空间尤为注重视觉效果与空间氛围，因此要从空间属性来做色温选择，通常以几种不同色温相互搭配，制造更多光影层次，但为了维持视觉感受的一致性，光源色温应尽量接近不宜落差太大。

3. 显色性

在光源照射下，通过跟色温一致或接近的黑体或者日光照明比较，不同的颜色会在视觉上有不同程度的失真，这个失真程度就是显色性。显色性也反映了光源对被照物颜色的影响。常用的衡量指标是显色指数。

当光线到达被照物表面后，被照物会对光线进行选择性的反射、透射和吸收。在该物体反射或透射出与其颜色相同的光线时，这个物体的颜色就能清晰地被人们看到。当一个物体接收来自不同种类光源的光线时，因为每种光源的光谱成分都是不一样的，所以该物体会反射或透射出不一样的光谱成分，最终结果就是人们会感受到很多不同的颜色。

标准光源（天然光）的显色指数为 $Ra = 100$，物体在某种光源的照射下，当 $Ra \geq 80$ 时，显色性为优良；Ra 在 79～50 之间时，显色性为一般；$Ra < 50$ 时，显色性为差。

（二）人对光色的感受

1. 对温度的感受

我们已有的生活经验和记忆会让我们对不同色彩的事物产生不同的心理感受，比如当绿色的森林、碧绿的湖水和蔚蓝的天空出现在我们眼前时，心理感受通常是清凉、平静；当橘色的灯光、大红的灯笼、浅褐色的墙砖出现在我们眼前时，心理感受是温暖、惬意。所以，在进行灯光设计时，首先要考虑的就是会给人们带来怎样的心理感受，同时根据设计区域的特点选择合适的颜色进行搭配。

图1-7表明，展厅的光环境设计直观地向人们传递了温度的信息，制造出冰天雪地的北极感受，整个环境照明以冷光源为主，加重了空间的冷冽氛

13

围。图 1-8 表明，餐厅的设计以不同色温的光源来区分不同的用餐空间，营造出不同冷暖感受的光效，如就餐区暖色光温暖惬意，与圣诞装饰区的清凉感形成强烈对比。

图 1-7　冷光源营造冰雪天地

图 1-8　就餐区与装饰区的温度感受对比

2. 对距离的感受

颜色的冷暖对比、光线的强弱，会使我们对视野中物体的远近判断产生一些错觉。研究者通过实验，得出一些适合设计师参考的结论：在相同的空间里面，人们往往会觉得暖色系的物体离自己更近，而冷色系的物体离自己更远。

同样的道理，暖光源比冷光源更容易跳到人的眼前，图 1-9 表明，舞台美术经常运用冷暖光的距离感进行空间塑造，同一立面布置的灯光，中间用红色暖光，两边用蓝色冷光，使观众感觉距离舞台中间更近。图 1-10 表明，近景的地面和沙发为冷光源投射，中景为黄色暖光源桌台，就此画面而言，感觉桌台在往前跳，地面和沙发在往后退，说明冷暖不同的光源影响人们对实地距离的估计。

图 1-9 舞台美术中的冷暖光距离感

图 1-10 暖光灯箱桌台感觉更近

3. 对重量的感受

通常情况下，人们依据触觉神经系统的感知来判断物体的重量，与视觉神经系统无关。然而，相关学者的研究结果表明，视觉系统的干扰会让我们难以正确判断物体的重量。其中视觉对物体材质、色彩、光线、体积的认知等是主要的干扰因素。

图 1-11 表明，在底层空间中，以显色性不佳的暖光营造亲密的交谈氛围，夹层空间以冷色光为主，顶棚则通过不同尺寸的圆形反光板，接收冷色系光斑，形成神秘而缥缈的氛围。一旦光线的运用反过来，同样数量的反光板则看起来更沉重。

图 1-12 表明，吊在空中的用轻钢龙骨和铝塑板制作的异形装置，其重量一定比我们看到的要重很多，设计者给这块铝塑板加上冷色系的光线后，使其更显轻盈。

色彩会被区分为冷色和暖色，光线也会有明亮和昏暗的区别，实验结果表明，当一个物体的色调偏冷、光线偏亮时，人们会认为它是"轻"的；但当它色调偏暖，光线偏暗时，人们会认为它是"重"的。因此，设计者会根据人们的此种心理在进行光环境设计时运用巧妙的技法，让人们对物体的实际重量产生错误的判断。如果空间很大、四壁空旷、顶棚离地面很远，则可以选择鲜艳的暖色系，给人以安定感；如果空间比较狭小，顶棚离地面很近，则选择明亮的冷色或冷光源，减轻墙壁的厚重感。

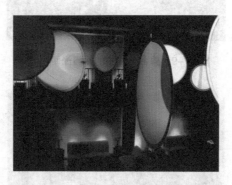

图 1-11　反光板接收冷光具有缥缈感

图 1-12　冷光源的异形装置更显轻盈

4. 对体积的感受

研究者们在探索光和色会对人类情绪产生怎样的影响时发现：没有进行过专业的色彩知识训练的人更容易被光和色影响，从而导致难以正确判断看到的物体的体积。

见图 1-13，在同样的光环境中，理智告诉我们，两个沙发靠枕大小相同，但是，视野中看到的沙发靠枕就是一个大一个小，浅色的沙发靠枕看起来比黑色的大一些。

研究者认为出现这种现象的原因是：仅仅通过视觉去判断一个物体的体

积是很不准确的，该物体的颜色、周围的光线、参照物的体积等都会对判断产生影响，除此之外，人们过去的知识和经验也会影响判断。

从视觉艺术层面出发去看待这些问题，恰恰是因为视觉上的欺骗性让大脑接收到了错误的信息，才会让我们有很多奇妙的体验，甚至让我们乐在其中。

图1-13　浅色靠枕比黑色靠枕显大

5. 对情绪的感受

通常来说，色彩对人的注意力的影响决定了人们对该色彩安全性的认知。在进行一项有关色彩安全性的实验时，假设前提条件是人们将注意力放在颜色之外，最终的实验结果是在视点即将离开目标的时候，所有实验颜色中诱目性最高的是黄色。通常情况下，色彩诱目性的排序是红色最高，蓝色第二高，绿色是最低的。此外，当背景的明度或亮度比目标物体的低时，目标物体就会有更高的诱目性。

在上述实验结果的基础之上，研究者还通过探索得出了颜色的诱目性会影响人们的紧张程度的结论。当人们看到大量出现的诱目性比较高的两种颜色（黄色和红色）时，会变得更紧张和警惕。

该实验结果显示，影响人紧张程度的因素有颜色、距离、面积。

实际上，无论是哪种颜色，太大的面积都会让人们感到紧张。以人体尺寸为参照点，颜色面积大于它时，更容易让人们产生紧张情绪的颜色是红色；反之，红色和绿色的影响程度是差不多的。从距离上看，红色会在远距离时比绿色更容易让人产生紧张情绪。

图1-14表明，左侧的过道，大面积的红色墙面和红色光源配合，营造出诡异的氛围，让人汗毛竖起。相比之下，右侧的过道，以浅黄色为主的过道远处是绿色的大门，和暖黄色配合让人感到温馨和放松。

图1-14 色彩和光配合使人感到紧张或者放松

在主题餐厅、主题酒吧、室内游乐场、科技馆、商业展览等对光效有特殊要求的空间中，设计者就经常会根据不同的颜色会让人们产生不同程度的紧张情绪这个特点进行室内设计，让空间既充满设计感又让人感到舒适。

6. 对空间尺度的感受

空间尺度是通过人体的视觉系统进行确定的，因为视觉系统会收集周围环境中与空间深度有关的信息，这些信息对确定空间尺度意义重大。主体和客体两方面都会影响深度知觉的形成。双眼提供的视差和视轴就是主体，主体的主要功能是为深度知觉的形成提供生理支持。图形是客体，客体的主要功能是为深度知觉提供大小、质地、焦距、饱和度等线索。

实验结果表明，某种颜色的色相和明度如果始终保持不变，那么，饱和度越高的颜色离人眼越近。因此，在日常生活中，色彩鲜艳的空间在人们眼中相比于灰色调的要小，且相比于白色空间来说，黑色空间更小。

图1-15和图1-16表明，在同一空间，暖光比冷光显得空间更小。

图1-15 同一空间的暖光　　图1-16 同一空间的冷光

为了更准确地把握环境中的光与色，建议设计师除了对已有设计案例进行调查和分析外，还需要应用心理学的研究方法"意向尺度法"和"情感量表"，对使用者的心理进行调查与分析，才能更准确地选择室内空间中的光源和色彩。

（三）光色的混合

颜色的混合是指两种或两种以上的颜色混合在一起，会产生一种新的颜色。光色的混合与物体色（颜料）的混合有很大的差别，光色的混合遵循加法混色，物体色的混合遵循减法混色。

在色度学中，将红（波长为 700nm）、绿（波长为 546.1nm）、蓝（波长为 435.8nm）称为三原色。这是因为，它们之中的任何一种颜色都不可能由另外两种颜色混合而得，但我们看到的任何一种颜色都可以由它们混合出来。例如，将红色光与绿色光以不同光强进行混合，随着光强的变化可得出一系列新的颜色，如红橙色、橙黄色、橙色、黄橙色、黄色、黄绿色、绿黄色等；同理，将红色光与蓝色光、绿色光与蓝色光相混合，也会产生一系列介于两者之间的颜色。如果将红色光、绿色光、蓝色光以适当的比例混合，会产生白色光，而白色是我们在绘画时调配不出来的颜色。

光的混合遵循的规律如下：

① 补色律。以适当比例进行混合能产生白色或灰白色的两种光，称为互补色。如黄色光和蓝色光混合可获得白色光，故黄色光与蓝色光互为补色。

② 中间色律。两种非互补色光混合可产生中间色。中间色倾向于比重大的光色。

③ 替代律。表观颜色相同的光，不管其光谱组成是否相同，其在颜色相加混合中具有同样的效果。

④ 亮度叠加律。由几种颜色的光组成的混合光色的亮度，是各种颜色的光亮度的总和。颜色的光学混合是由不同颜色的光线同时引起眼睛兴奋的结果。

颜色的光学混合定律在装饰与艺术照明中有很高的实用价值，三基色光源也是应用颜色光学混合定律制成的。

第二节　光的艺术价值

色从光来，光变色变，没有光便没有视觉形象艺术。光的艺术价值体现在各种形式的艺术中。本节选取了其中三种，以小见大地对光的艺术价值进行分析。

一、光在文学中的艺术价值

很早以前，艺术家们就发现了光的艺术价值，并用光来描写气氛、时间和空间，用光来渲染情感。

请看《诗经》中的《月出》：

月出皎兮，佼人僚兮。舒窈纠兮，劳心悄兮。

在一个月色皎洁的晚上，作品中的"我"似乎见到了思念中亭亭玉立的恋人，"我"愁思难舒而忧心悄悄。诗人以月表人，借用月光，表达了思念恋人时一种凄凉的情感。

再看唐代李白的诗《玉阶怨》：

玉阶生白露，夜久侵罗袜。却下水晶帘，玲珑望秋月。

在这首诗中，我们可以形象地感觉到每一句诗就是一幅画面。这首诗中，作者写了一个长期得不到君主宠爱而久久被冷落的女子的心理和情绪。她在一个秋夜里，孤独地站在玉阶下，直到夜深了露水湿了她的罗袜才回到房中放下帘子，透过窗帘仍然望着窗外的月亮。

这里诗人写了深秋夜里月光的寒意，表现了年轻女子的孤独、悲凉、寂寞的情绪和情感。

再有唐代王昌龄的诗《初日》：

初日净金闺，先照床前暖。斜光入罗幕，稍稍亲丝管。云发不能梳，杨花更吹满。

和前两首诗不同，诗人写了一种欢快的情调。这是一首描写春天早晨气氛的诗。一束晨光射入一个女孩子的闺房中，它像一个调皮的孩子，一会儿从窗、门跳进来，一会儿又跑到床前，一会儿又去轻轻地抚摸挂着的乐器。早晨的杨花也随着微微的春风进了房间，轻轻地、亲昵地落在女孩子的头发上。

这里诗人把春天早晨的阳光描写得那样可爱、活泼和温暖，与前两首诗相比，表现了一种欢快、愉悦的情绪和情感。

还有唐代张继的诗《枫桥夜泊》：

月落乌啼霜满天，江枫渔火对愁眠。姑苏城外寒山寺，夜半钟声到客船。

这首诗描写江南水乡月夜的幽美景色。诗人写了夜、月、乌啼、霜满天、江枫、渔火、寒山寺和客船等景象，营造了月夜的美景，同时也抒发了诗人对深秋月夜美景的感受，达到了一种情景交融的意境。

二、光在摄影中的艺术价值

物体的形状、轮廓、色彩、空间感等，都是通过光线表现出来的。摄影中，光不仅能提供技术上的准确保证，还能起到一定的艺术作用。

摄影是用光来作画，而光是表现主题的一个重要造型手段。照片画面上的立体感是靠影调的明暗对比来表现的，而这种明暗对比的形成就要靠光的作用。每个物体都有各自的轮廓形式，这是区别物体的一个因素。用光强调或削弱物体的轮廓，在画面上会得到不同的效果。光还可以表现物体的质感，质感是物体表面结构的感觉，必须用光才能表现出来。

光的构图对画面的组成和结构起作用。画面是由主体、陪体和环境组成。画面的结构，包括影调结构、线条结构和色彩结构。它们在光的作用下，形成统一的画面，并通过造型与内容的统一来表现主题。光在画面组成上的作用是突出主题，光线集中的地方，往往是画面的中心或关键。光的构图作用是平衡画面，调节色彩达到构成和强调或淹没物体的效果。

光对环境气氛的渲染、思想感情的表达有着重要的作用，各种不同的光质和不同时间的光线效果，都会使画面具有不同的氛围。不同环境的光线以及物体对光的反射和吸收情况的不同，也会反映出不同的环境特征。由光线作用而形成的迷蒙、苍茫、缥缈的情景，是很容易见到的气氛特征，有的气氛不是靠烟、雾、云的烘托和渲染，而是由呈现在画面上的人物情绪和感情体现出来的。光还可以作用于人们的思想感情，引起人们不同的联想，人们在各种不同光线下的活动或面对不同光质的作用，都会产生某些思绪，或舒畅或烦闷或遐想，当这些光线效果呈现在画面上时，便能激起人们的想象，使画面产生一定的艺术感染力。

三、光在绘画中的艺术价值

感人的艺术形象是在对光照进行了模拟、再造后由绘画艺术家创造出来的。光是油画艺术中表现不同元素形象不可缺少的工具，它的运用在油画艺术中至关重要。光对油画绘画者的意义也是重大的，他们可以通过对光的运用来展现客观世界，还可以让绘画的主题更加突出、画面感更强。同时，光可以让整个画面形成统一的整体，表达出艺术家的内心情感。

艺术家对于画面的形态和色彩之间的相互关系极为关注，但是这种相互关系从根本上来说其实是怎样运用和表现光线。艺术家不仅可以通过光线做出各种各样的造型，还可以运用光线去表现自然。同时，艺术家也可以借助光线将主观情感传递出来，让人们理解作品的内在含义。所以，在油画艺术中，光线被赋予了一种独特的视觉感知能力，极具审美魅力。

艺术家的特殊审美理念是在处理和运用光线的基础上展现出来的，他们的创作是基于生活表象之上的重构和超越，对现实画面的内在含义和形态进行了革新，超越了传统观念上光影的客观存在形态。在不同的历史时期，艺术家对光的运用呈现出了多种不同的诠释和表达方式。

基于文艺复兴的时代背景和思想潮流，17世纪，光在油画领域的应用得到了新的拓展，艺术家利用光影创造出的艺术作品跟前人的风格完全不同，审美理想也与之前不同，让欧洲绘画史进入了快速发展阶段。自文艺复兴以来，写实油画的发展重点一直是展现三维空间中的立体造型，致力于在平面上创作出立体视觉效果。在油画艺术中，可以通过对光的巧妙表现，营造出一种情感氛围，从而将作品的意境提升至更高的境界。

在设计中将光和造型结合起来，可以增强油画的画面感，让现代油画艺术画面的整体效果得到提升，从而使作品的观赏性更强。在油画作品中使用聚集光可以让画面更加突出，更好地塑造油画形态，进而提升作品的审美价值。

油画的整体艺术效果在很大程度上受到光线的影响，因为光线的质量直接决定了画面的质感和视觉效果。创作油画时，采取不同的形式去应用光线可以展现出不一样的作品氛围，从而为观者带来截然不同的视觉体验。

第三节 光与室内设计

人类的生活离不开光，也在心理上十分依赖光。当今社会，物质极大丰富、科技飞快发展，为人们不断追求高品质的光提供了物质基础。人们要求光的功能不仅仅是照亮，还要有一定的数量和质量，能够满足在不同的场景中精准控制光线。除此之外，光还需要极具装饰感和艺术感，以满足人们的需求。

光是人类生活中必不可少的条件，人们正常的生活、学习和工作都需要有良好光环境的支持和保障，光环境的质量会直接影响人们的劳动生产率、生理与心理健康。

一、室内设计概述

（一）室内设计的定义

通过物质技术手段和建筑美学对不同使用目的、周围环境和设计标准的建筑物进行设计，使其成为符合人们物质和精神生活需求的功能多样的室内环境，这一过程就叫室内设计。这个设计完成的空间环境不仅需要展现一定的历史文脉、建筑风格等，还需要有实用价值。

（二）室内设计的内容

室内设计涵盖了多领域的专业知识，学科综合性很强，能够整理成以下三个部分。

1. 室内空间组织和界面处理

只有在充分、彻底地了解原有建筑的设计理念和目的的基础上才能更好地进行室内空间组织，这就要求设计者要深入研究建筑物的总体布局和功能，了解建筑物的结构。

设计时，在遵循人体工程学基本原则的前提下，重新诠释尺度和比例关系，将空间进行合理规划和人性化处理，最终给人以美的感受。

2. 室内光照、色彩设计和材质选用

室内光照的功能不仅是为人们的生活和工作提供充足的照明，还需要满足一定的氛围要求。室内色彩往往是令人印象最深刻的元素，可以形成丰富多变的视觉感受。室内色彩设计需要先根据建筑物的风格、室内功能等确定

主色调，再选择适当的色彩进行搭配。

室内空间中的形、色最终必须和所选材质保持协调、统一。对于柱、墙面等室内空间中必须要有的建筑部件，可以根据它们的功能进行不同的装饰，使室内环境更加恬逸。室内环境中的各种造型、色彩和材料能够在光照下完美融合才能让空间更富于整体美。

3. 室内陈设设计手段

在室内环境中，实用和装饰应当互相协调，陈设、家具、绿化等室内设计的内容应独立于室内的界面营造。

室内陈设设计、家具和绿化配置主要是为了满足室内空间的功能、提高室内空间的质量，是现代设计中极为重要的部分。

二、光在室内设计中的作用

社会前进的脚步从未停止，人类文明也始终处于更新的过程中，推动建筑形式越来越多样化，进而使得室内空间设计形式也变得越来越多样。人是室内空间的主体，跟光的关系十分紧密；光对设计师来说十分重要，他们要依据此进行设计。人类居住离不开光，良好的光环境可以使室内空间更加明亮、恬逸。

（一）营造气氛

不同的光照会让室内拥有不同的气氛。在一些餐厅、咖啡馆和娱乐场所中，设计师通常会采用加重暖色的光线设计形式，因为暖色会让人显得更美丽、健康，还会让环境显得更加欢乐、温暖和活跃。在加强光色的同时，其亮度会在一定程度上减弱，这种光环境使得空间氛围更温暖、亲切。冷色光往往会让人觉得清爽，因此经常在夏季使用。应该在充分考虑气候、环境和建筑风格后再进行空间设计。霓虹灯等一些强烈的彩色照明会烘托得室内氛围更加活跃，常用于节日之中。现在，住宅的起居室和餐厅也会有一些红绿灯的装饰。另外，在室内应用一些有颜色的透明或半透明材料也可以让室内光色更加和谐、丰富。

（二）引导动线

室内的空间动线可以通过光线进行引导，从而便于控制人流。地脚灯和嵌地式引导灯等是在一些大型的公共建筑如停车场、机场中常用的人流引导手段。灯光还可以用来划分开阔空间的区域、明确人流引导和流线。

（三）营造序列

室内空间的序列感对人们的心理感受有很大的影响。空间序列的产生条件包括空间开合、形状和尺度变化、光线与空间风格的综合运用。一般而言，尺度和材质是限制创造空间序列的主要条件，但是在一些空间中，尺度和材质都一样的情况下，控制空间序列的主要手段就是光线。室内的狭长走廊就是这样一个空间。光线让空间的层次感更加丰富，通过不断发生明暗变化的光线，让空间秩序感进一步加深，在走廊中行走的人们在视觉上更加舒适。

25

（四）加强空间感

光会让室内空间的效果展现得更加淋漓尽致。一些研究结果指出，房间越亮显得越大。充斥着漫射光的房间会更让人感觉宽敞；直接光可以让物体的阴影得到增强；通过对比光和影，人更能感觉到空间的立体。光可以让室内空间设计更加完美，它能够让空间的视觉中心点得到进一步强化，进而使得空间的区域划分更加明显。很多商业空间中经常用比其他产品更亮的光线去突出新产品。

（五）光影艺术

在室内空间中，光的产生和运用离不开再创造过程，随着时间的推移，光影和物影会不断地发生变化，这是一个动态过程。通过窗户的格栅、百叶窗、窗外树荫可以让室内墙壁的空间形态更加丰富。空间的单一性可以借助空间的视觉中心进行改变，形成位差并为不同部分赋予不同的等级，从而引起人们的关注。视觉中心还会对设计师想突出和隐藏的部分进行描绘和弥补。比如，对空间中的某一点进行集中照射，其余部分的灯光要昏暗一些，这样能够让视觉中心点凸显出来，通过射灯使装饰物的存在更明显用的便是这种方法。

第二章　室内照明设计概述

照明设计主要是根据人们工作、学习和生活的需求，设计一个照明质量好、照度充足、使用安全方便的照明环境。本章主要内容为室内照明设计概述，分别对室内照明设计的基础、室内照明设计的原则、室内照明设计的依据做出阐述。

第一节　室内照明设计的基础

室内照明设计的基础除了上文涉及的光的基本知识，以及后文详细论述的光源之外，主要有如下内容。

一、室内照明方式

（一）光的作用方式

尽管自然光设计与人工光设计的设计特点和设计方法有所不同，但是同样遵循光与空间、光与物体之间存在的客观规律。

1.直射现象

光的直射现象就是指光在没有经过任何介质的情况下直接照射到物体表面。

2.反射现象

光的反射现象可分为镜面反射现象和漫反射现象（见图2-1）。

镜面反射现象：当光到达物体表面时，光线的入射角与反射角相同，从而产生镜面反射。镜面反射容易制造出特别耀眼的光效，但如果控制不好，常常产生反射眩光，反而给人们带来不愉快的视觉体验。

漫反射现象：当光到达物体表面时，光线的入射角与反射角不同，其反射的光线没有方向性，效果非常柔和。漫反射效果的强弱，主要由物体表面颗粒的粗糙程度决定，例如，质感粗糙的麻布和质感光滑的丝绸，产生的漫反射效果明显不同。

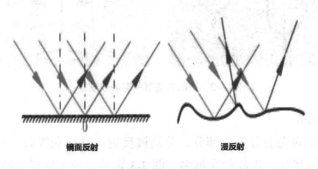

镜面反射　　　　　　　　　　　漫反射

两种典型的反射现象

图2-1 镜面反射现象和漫反射现象

3. 折射现象

同一束光通过密度不同的介质时折射角度会发生变化，影响折射角的因素是这两种介质的折射率。例如水晶灯的设计，就是利用光的折射现象，多个不同切面的水晶体就像多个光学实验中的三棱镜，将光线分解成七色光，形成绚丽耀眼的光效。

4. 透射现象

光的透射是指光线穿过某类介质后继续辐射的现象。介质会对穿过它的光线进行部分吸收，使得光线亮度降低。光线透射穿过介质的数量取决于该介质的透光率。例如，透明玻璃和磨砂玻璃这两种介质，光线透射这两种玻璃后的效果截然不同。图2-2（左）表明，灯具的透明玻璃罩并不阻碍人的视线，可以直接看到光源；图2-2（右）表明，磨砂玻璃的透射率降低，从里透出的光不是点状，而是形成了一片柔和的光幕。

每种介质的构成都不一样，其透光率也是不一样的，以此为划分依据对透射出的光线进行分类，可以分成直线透射和漫透射两种。

直线透射是指光线经介质透射后，每一条光线都还沿着原来的方向行进。

漫透射是指光线经介质透射后，光线从各个不同方向散去。

图 2-2　透明玻璃罩和磨砂玻璃罩

5.吸收现象

经过介质的光会分成三部分，分别被反射、透射和吸收。一般情况下，物体表面颜色越深，吸收的光越多。图 2-3 表明，处于同样光源下，沙发上的深色靠垫比浅色靠垫看起来更暗。

图 2-3　同样光源下，深色物体表面更暗

（二）光的分布形式

1.直接照明

直接照明是指灯具射出的光线总量的 90%～100% 的光通量都照射到了假定工作面。直接照明的明暗对比非常强烈，产生的光影效果也趣味十足。这种照明方式更能发挥工作面的主导作用。但是直接照明也有缺点，就是容易产生眩光。因此在一些室内空间特别是工厂、办公室、展厅等，需要有一定的应对措施防止直接照明带来的眩光对人体的影响。

2. 半直接照明

半直接照明是通过灯罩遮盖使超过 60%～90% 的光线照射到工作面上，这种灯罩的制作材料是半透明的，另外的 10%～40% 的光线是由灯罩遮盖部分发出的，这部分光线通过灯罩向上漫射出去，其强度相对直射来说更加柔和。因为漫射光线可以在视觉效果上拉高房间的顶部高度，所以常用于房间高度较低的环境中，加强室内环境的空间感。

3. 间接照明

间接照明采用遮蔽光源的方法产生光线，这些光线主要是由天花板或墙面反射而来，直接照射工作面的光线很少。其中 90%～100% 的光通量是通过反射达到照明效果的。设计方案一般有两种：一种方案是在灯泡下方安装不透明灯罩，这样灯泡发出的光线会射向平顶或其他物体，在其表面产生反射，形成间接光线；另一种方案是将灯泡安装在灯槽中，使光线从顶部反射回室内，形成间接照明效果。当只使用这一种照明方式时，应当留意不透明灯罩下面部分明显的深影。要想有特别的艺术效果，一般情况下只使用间接照明是做不到的，需要与其他类型的照明方式一起使用。

4. 半间接照明

半间接照明是一种与半直接照明相反的照明方式。它通过将半透明的灯罩安装在光源下方，将 60% 以上的光线照射到天花板上，从而创造出间接光源的效果。同时，还有 10%～40% 的光线穿过灯罩向下扩散。使用这种方法可以营造独特的照明效果，让较低且矮小的房间感觉更高。这种照明方式在门厅、过道等小空间住宅区域比较适用。另外，半间接照明比其他照明方式更适合在学习环境中应用。

5. 漫射照明

漫射照明方法，即通过光线在物体表面的折射，使光线在四周扩散并散发出光亮。漫射照明可以分为两种形式：一是从灯罩顶部射出的光线，经过平面反射后在两侧透过半透明灯罩散发，同时在底部经过格栅扩散；二是通过使用半透明的灯罩将光线完全包裹并实现漫射效果。这种照明会产生柔和的光线效果，让人眼睛感觉很舒适。

（三）人工照明方式分类

依据不同的照明需求，将人工照明方式分成了以下几类。

1. 根据照明区域划分

表 2-1 为人工照明方式的照明区域划分。

表 2-1　根据照明区域分类

照明方式名称	照明目的
一般照明	为照亮整个场所而设置的均匀照明
局部照明	用于特定视觉工作，为照亮某个局部而设置的照明
分区一般照明	对满足某一特定行为的需求，设计成不同的照度来照亮该区的一般照明
混合照明	为同时满足不同视觉认知行为的需求，由一般照明与局部照明组成的照明
重点照明	为提高限定区域或目标的照度，使其比周围区域亮，而设计成有最小光束角的照明
常设辅助人工照明	当天然光不足和不适宜时，为补充室内天然光而日常固定使用的人工照明

2. 根据不同照明时间段划分

表 2-2 为人工照明方式的照明时间段划分。

表 2-2　根据不同照明时间段分类

照明方式名称	照明目的
正常照明	在正常情况下使用的室内外照明
应急照明	因正常照明的电源失效而启用的照明
安全照明	作为应急照明的一部分，用于确保处于潜在危险之中的人员安全的照明
疏散照明	作为应急照明的一部分，用于确保疏散通道被有效地辨认和使用的照明
备用照明	作为应急照明的一部分，用于确保正常活动继续进行的照明
值班照明	非工作时间，为值班所设置的照明
警卫照明	在夜间为改善对人员、财产、建筑物、材料和设备的保卫，用于警戒而安装的照明
检修照明	为各种检修工作而设置的照明

3. 根据光的分布形式划分

表 2-3 为人工照明方式的光分布形式划分。

表 2-3　根据光的分布形式分类

照明方式名称	光的分布特点
直接照明	光通量的 90%～100% 部分，直接投射到假定工作面上的照明
半直接照明	光通量的 60%～90% 部分，直接投射到假定工作面上的照明
一般漫反射照明	光通量的 40%～60% 部分，直接投射到假定工作面上的照明
半间接照明	光通量的 10%～40% 部分，直接投射到假定工作面上的照明
间接照明	光通量的 10% 以下部分，直接投射到假定工作面上的照明

4. 根据光与空间的关系划分

表 2-4 为人工照明方式的光与空间关系划分。

表 2-4　根据光与空间的关系分类

照明方式名称	照明目的
漫射照明	光无显著特定方向投射到工作面和目标上的照明
泛光照明	通常由投光来照射某一情景或目标，且其照度比其周围照度明显高的照明
定向照明	光主要是从某一特定方向投射到工作面和目标上的照明

二、室内照度标准

外界环境的亮度决定了人眼对明暗差异的感知。然而，确立恰当的亮度级别相当烦琐，因为需要考虑到每种物体都有各自的反射特性，因此在实际操作中，照度水平往往被用作灯光照明量的度量标准。

需要对照明效果、舒适性、经济和节能等因素进行综合考虑才能确定合适的照度水平。虽然提高照度水平可以提高视觉效果，但并非越高的照度水平就越好，因为这种提高也有其局限性。实际中用到的照度标准都是在多方面考量后确定下来的。

在没有专门规定工作位置的情况下，通常以假想的水平工作面照度作为设计标准。对于站立的工作人员水平面距地 0.9m（米），对于坐着的人是 0.75m。

照明装置会在使用过程中逐渐失去亮度，导致照度下降。其原因是光通量发生了衰减，灯具和房间表面被污染了。要想让照明效果回到原来的水平，唯有更换、彻底清洁灯具或者重新涂刷房间表面。因此，设计标准的参考依据是使用照度或维持照度，而不是初始照度。图 2-4 表明，我们可以看到初始、使用和维持照度之间的差异。一般来说，为了保证照明的效果，维持照度应该在使用标准的80%以上。

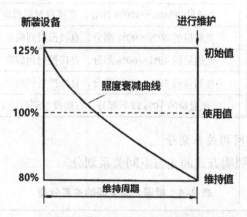

图2-4 照度标准的三个不同数值

韦伯定律指出，主观感觉的等量变化与光量的等比变化有关，因此在制定照度标准时，采用通过等比级数划分照度等级的方式，可以更准确地描述照度的变化，并且不会改变其本意。这个比例是1.5倍，如国际照明委员会（CIE）的建议照度等级（表2-5）。

表2-5　国际照明委员会对不同作业或活动推荐的照度

照度范围（lx）	作业或活动的类型
20～30～50	室外人口区域
50～75～100	交通区，简单地判别方向或短暂停留
100～150～200	非连续工作使用的房间，如储藏间、门厅
200～300～500	有简单视觉要求的作业，如粗加工、讲堂
300～500～700	有中等视觉要求的作业，如办公室、控制室
500～750～1000	有较高视觉要求的作业，如缝纫、绘图室
750～1000～1500	难度很高的视觉作业，如精密加工和装配
1000～1500～2000	有特殊视觉要求的作业，如手工雕刻
> 2000	极精细视觉要求的作业，如微电子装配、外科手术

1979年，原国家建委颁发了《工业企业照明设计标准》（GB 50034—1979）（1992年更新，2004年修订为《建筑照明设计标准》，2013年又进行了修订），这是中国在照明方面的第一个全国通用设计标准。

三、照明质量要求

（一）眩光

1. 眩光的类型

（1）直接眩光

直接眩光是指由于高亮度或遮光不足的光源直接照射到眼睛而造成的刺激。光源产生方向与视线相同或邻近。

（2）间接眩光

在非观察方向，有些光源会造成眩光。这种眩光一般是由表面反射光产生的，反射表面非常光滑。可以分成光幕反射和反射眩光两种。

① 光幕反射。当在表面上施加有规律的反射镜像时，它会使被观察物体的亮度对比降低，从而干扰视线，并减弱可见度。

② 反射眩光。当过度抛光或极度光泽的表面反射光线时，在视野中会产生刺眼的光亮效果，这种光亮就叫作反射眩光。反射眩光的产生受观察位置、角度等因素的影响。有时候，反射眩光也可以带来好处，比如金属表面的光泽会让我们更清晰地看见千分尺上的刻度。

（3）失明眩光

从眩光源处移开视线后，会有一段时间看不清其他物体，因为眩光仍然残留在眼中。

（4）不舒适眩光

眩光只会造成视觉上的不适，而不会影响视力或视觉清晰度。不舒适眩光是照明质量评价中常用的重要指标之一，广泛应用于室内外照明中。它也叫心理眩光，因为对生理健康的影响相对较小，属于心理层面的问题。

（5）失能眩光

由于光源给视网膜正常观察对象的表面增加了一层照度，从而降低视网膜上原来图像的亮度，妨碍了正常的视觉功能。由于这种失能眩光是生理上的实际感受，亦称生理眩光，在室内光环境中应尽量避免这种严重的眩光现象。

2. 眩光的防止

眩光源的尺寸、亮度、位置关系、周围环境亮度都会影响眩光的程度。

① 灯具上使用遮光元件，避免直接看到光源，图 2-5 为装上外附式遮光

33

器的投光灯，可以根据现场需要调整遮光效果。

图 2-5 装上外附式遮光器的投光灯

② 合理设置光源的位置，避免光源位于视线 45° 角区域内。对于与垂直线成 45° 角或大于 45° 角方向可以看见光源的灯具，应加装遮光元件，防止眩光。

③ 采用半直接照明、半间接照明、漫反射照明方式，减少产生眩光的可能性。

④ 避免周围环境（顶棚、墙面和地面）的亮度与光源的亮度形成强烈对比，调整照度比值。

⑤ 减少使用反射度高的材质，如玻璃、金属等。不过对于有特殊要求的空间，可以利用反射度高的材料营造出特别效果，例如水晶灯制造绚丽的空间氛围，利用大量的玻璃形成的眩光，可以营造出神秘的氛围，带给使用者别具一格的体验。

（二）颜色

在室内空间照明设计时分两方面考虑颜色问题，分别是光源色和物体色。每种光源都有独特的色温，给人的冷暖感觉亦不同。光源的相对色温是指光源所发出的光色与某一温度下的绝对黑体所发出的光色相近，就把绝对黑体的绝对温度定为该光源的相对色温。当光源的相对色温大于 5300K 时，光源给人的感觉偏冷；当光源的相对色温小于 3300K 时，光源给人的感觉偏暖。人对于光源颜色的感受不仅受光源色温的影响，室内照度水平也会对其造成影响。在光线较暗的环境中更适宜用低色温光源；而对于光线较亮的室内空间，光源的相对色温也需要更高。比如，通常建议在博物馆展示空间内采用 3300K 以下的光源色温。但这并不是绝对的，要具体问题具体分析（见图 2-6）。

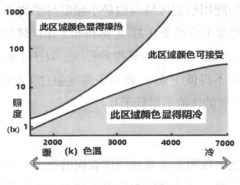

图 2-6 照度与色温的关系

35

不同颜色的光能够带来不同的心理、生理感受，将空间塑造出不同的氛围，与空间内的家具、陈设等相互配合，可以使空间功能得到发挥。光源颜色的设计是照明设计以及室内设计的重要一环。一般来说，住宅空间的灯光颜色为暖白色，营造舒适的居住环境；商业卖场为冷白色，使商品色彩鲜艳，吸引人们消费；饭店餐馆灯光颜色与装修风格有关，基本上为暖色，如橙色；酒吧、KTV 的灯光较为绚丽，多为彩色光，如蓝色、紫色、红色，营造慵懒神秘的娱乐氛围；艺术展览灯光颜色更是作为艺术的一部分，十分天马行空，根据艺术展览的主题确定，任何一种颜色的光源都可以使用，尤其是光艺术展览和光艺术装置中，对光源颜色的使用总是超乎常人的想象（见图 2-7）。

图 2-7 艺术家的光艺术

（三）照度均匀度

照度均匀度也是衡量照明环境质量的一个量值，在一般情况下要求人视野内的亮度保持一定的均匀度，特别是在长时间使用视力的场所，照度更应保持均匀。照度均匀度用给定区域内的最小照度与平均照度的比值体现，工作环境内的照度平均度不应小于 0.7，走廊和非工作区域的照度平均度不应小于 0.2。比如，博物馆规定了展馆内照度的标准，对于平面展品，要求最低照度与平均照度的比值不得低于 0.8；而对于高度超过 1.4m 的平面展品，则要求最低照度与平均照度的比值不得低于 0.4。

（四）阴影

物体上或其附近出现阴影会减弱物体表面的亮度对比度，因此对于工作用物体或者展品等的照明设计时应避免出现过大面积的阴影。降低出现大面积阴影的方法是在空间内设置具有宽配光的直射灯具，并以适当距离排列，从而获得有利于削弱阴影的漫反射光。

（五）环境因素

当室内空间各种界面的亮度比较均匀时，眼睛功能才会达到舒适有效的状态，因此室内空间界面的光反射比有一定的限定。一般情况下，顶棚的光反射比应为 0.7～0.8；墙面应为 0.5～0.7；地面应为 0.2～0.4。对于展示空间内各界面的光反射比有如下规定：顶棚宜用无光泽的饰面，其反射比不宜大于 0.8；墙面宜用中性色和无光泽的饰面，其反射比不宜大于 0.6；地面宜用无光泽的饰面，其反射比不宜大于 0.3。

四、灯具基础知识

（一）亮度分布和保护角

灯具表面亮度分布及遮光角会直接影响眩光。

灯具在不同方向上的平均亮度值，特别是角度在 45°～85° 内的亮度值，应由制造厂测试后提供给用户。若没有亮度分布测试数据值，则可通过其光强分布，利用下述的方法求得灯具在 y 角方向的平均亮度。

$$Ly=ly/Ay$$

公式中，ly 为灯具在 y 角方向上的发光强度，单位为 cd，Ay 为灯具发光面在 y 方向的投影面积，单位为 ㎡。

光源的下端与灯具下缘的连线与水平线之间的夹角称为保护角（见图 2-8）。

保护角是任意位置的平视观察者眼睛入射角的最小值。保护角的作用是避免光源直接照射到观察者眼中，一般灯具的保护角为 10° ～ 30°，灯具格栅的保护角取决于其格子的宽度与高度的比例，通常为 25° ～ 45°。

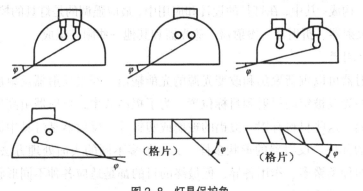

图 2-8 灯具保护角

（二）灯具效率和利用系数

在使用情况一致的条件下，灯具所输出的总光通量与内部所有光源输出的总光通量比例就是灯具效率，这是灯具最主要的质量评估指标之一。

由于灯腔内的温度较高，光源所释放的光通量可能会与没有灯具遮挡的情况下有所不同。此外，由于光学器件的反射和透射，光源辐射的光通量在经过灯具后必然会有一定的损失。因此，灯具效率一般都小于1。我们可以用以下公式来计算灯具效率。

$$\eta=\varphi/\varphi_0 \times 100\%$$

公式中，φ 为灯具投射出的光通量，单位为 lm，φ_0 为灯具内光源裸露点燃时投射出的光通量，单位为 lm。

灯具所发出的光，并非完全被工作面所利用。灯具的利用系数（CU）被定义为工作面上获得的光通量与光源发出的总光通量之比。

灯具的直射光通量和经过反射后到达工作面的光通量共同组成了工作面接收的光通量，这一点需要注意。所以，不仅灯具自身性能会影响灯具的利用系数，灯具的使用环境也会产生影响且影响程度不低。

例如，同样的灯具，在低矮的房间里，利用系数大；在高狭的房间里，利用系数小。另外，若房内天棚和墙面的反射率高，则利用系数也将增大。

（三）灯具的组成

从严格意义上来讲，它是一个完整的照明装置，由光源、有分配光功能的光学部件、固定光源并提供电气连接的电气部件、起支撑和安装作用的机械部件等构成。其中，在灯具的设计和应用中，最应强调的是灯具的控光部件，主要由反射器、折射器、漫射器、遮光器和其他一些附件组成。

1. 反射器

反射器可以重新聚焦和改变光源的光能输出。经过反射器反射后，光源所发出的光线被定向投射到目标位置。为了提高效率，反射器由高反射率的材料做成，这些材料有铝、镀铝的玻璃或塑料等。反射器是灯具中最主要的控制光的部件。反射器的形状多样，又有很多不同的表面处理方法和材料，致使它的种类繁多、作用各异，但最终的目的都是适应各种不同形状的光源和受照面的照明需要。

2. 折射器

一些灯具元件的工作原理是光的折射，制作材料是透光材料，它们的制作目的是改变光线的传播方向，让光线的分布更加合理。棱纹板和透镜是常用于灯具的两种折射器。

目前，灯具中棱纹板的制作原料通常是塑料或亚克力，采用三角锥、圆锥和其他棱镜组成各种图案和纹路绘制在材料表面。通过棱纹板上各个棱镜部件的折射可以有效减少吸顶灯具在水平视角范围内的亮度，从而减轻眩光的影响。

3. 漫射器

漫射器可以让入射光向多个方向进行散射。这个过程在物质的表面或内部都能发生。灯具所散发的光线可以通过漫射器进行均匀的分散并且有助于减弱光线的强度，从而达到减少眩光的效果。在发光顶棚安装灯箱片或磨砂玻璃罩正是利用了折射器的原理。

4. 遮光器

灯具发出的光线如果向下倾斜超过 45°～85°，会导致眩光，所以需要对其进行控制。理想情况下，这个范围内灯具里面的发光光源不应该被人眼所看到。灯具保护角是度量一个灯具能否很好地隐藏光源的依据。针对磨砂灯泡或涂有荧光粉的灯泡，整个灯泡本身都能够产生光线。然而，在透明外壳的灯泡中，发光体实际是里面的钨丝或电弧管。在视仰角比灯具保护角小的情况下，将无法直接观察到发光体。所以，为了避免眩光，灯具的防护角需要尽可能宽大。从灯具保护角还延伸出另外一个概念——灯具的截光角。根据其名称，其含义是灯具的光线只能在截光角以内的范围内照射。

尽管可能会导致反射器或灯罩变得更深，但是确实可以通过光源的设计来扩大保护角。还有一种更好的解决方法是通过附加到灯具上的遮光器件，达到增大灯具保护角、减少眩光的目的。

（四）灯具的选择

通常是在确定光源的基础上再选择灯具。在进行室内光环境设计时，应该全面考虑灯具的各种特性，并结合视觉工作特点、环境因素及经济因素来选择灯具。这对提高光环境质量有着非常重要的意义。

① 灯具的选择应满足有关规范规程和技术条件规定的照度值。

② 灯具的材料、制造工艺应满足对照明方式的要求。

③ 要考虑灯具的配光及保护角特性。光在空间的分布情况会直接影响到光环境的组成与质量。不同配光的灯具适用场所不同。

间接型。上射光通超过90%，因顶棚明亮，反衬出了灯具的剪影。灯具出光口与顶棚距离不应小于500mm，目的在于显示顶棚图案，多用于高度为2.8～5m非工作场所的照明，或者用于高度为2.8～3.6m、视觉作业涉及反光纸张、反光墨水的精细作业场所的照明。顶棚无装修、管道外露的空间或视觉作业是以地面设施为观察目标的空间，以及一般工业生产厂房不适合选用间接型配光的灯具。

半间接型。上射光通超过60%，但灯的底面也发光，所以灯具显得明亮，与顶棚融为一体，看起来既不刺眼，也无剪影。主要用于增强对手工作业的照明。在非作业区和走动区内，其安装高度不应低于人眼位置，不应在楼梯中间悬吊此种灯具，以免对下楼者产生眩光；不宜用于一般工业生产厂房。

半间接型的漫射型。上射光通与下射光通几乎相等，因灯具侧面的光输出较少，所以适当安装可保证直接眩光最小。用于要求高照度的工作场所，能使空间显得宽敞明亮，适用于餐厅与购物场所。不适用于需要显示空间处理有主有次的场所。

漫射型。发射的光通过胶片等漫反射壳体被均匀地分散，在所有方向上产生光通量，以减轻直接光线所带来的眩光问题。这种灯具的安装位置一般邻近工作区，常用于非统一照明环境。它能够照亮墙壁的最高部分，并且适合与厨房和局部工作区的照明设备结合使用。因漫射光降低了光的方向性，因而不适合作业照明。

半直接型。40%以下的光线从上面照射，用于环境照明，而下面的光线则用于工作照明。这样可以减少阴影，同时使室内光的亮度比能够适用于各种活动。由于大部分光线用于作业照明，只有少量的光线向上射出，使眩光问题减轻。是最实用的均匀作业照明灯具，广泛用于高级会议室、办公室空间的照明。

直接型（宽配光）。下射光通占90%以上，属于最节能的灯具之一。可嵌入式安装、网络布灯，提供均匀照明，用于只考虑水平照明的工作或非工作场所，如室形指数大的工业及民用场所。

直接型（中配光不对称）。把光投向一侧，不对称配光可使被照面获得比较均匀的照度。可广泛用于建筑物的泛光照明，通过只照亮一面墙的办法转移人们的注意力，可缓解走道的狭窄感；用于工业厂房，可节约能源、便于维护；用于体育馆照明可提高垂直照度。高度太低的室内场所不适用这类配光的灯具照亮墙面，因为投射角太大，不能显示墙面纹理而产生所需要的效果。

直接型（窄配光）。靠反射器、透镜、灯泡定位来实现窄配光，主要用于重点照明和远距离照明。适用于家庭、餐厅、博物馆、高级商店，细长光束只照亮指定的目标、节约能源，也适用于室形指数很小的工业厂房。直接型（窄配光）灯具不适用低矮场所的均匀照明。

此外，灯具保护角可起到限制眩光的作用，这也是选择灯具时应加以考虑的因素之一。例如，一般用于工业厂房的灯具，其保护角不宜小于10°；用于体育馆的深照型灯具，其保护角不宜小于30°。

④应根据环境条件选择灯具。在选择灯具时，应注意温度、湿度、尘埃、腐蚀、爆炸危险等因素，例如，在有无菌、无尘要求的手术室、电子工业的洁净室等室内空间中，应选用积灰少、易清扫和易消毒的灯具；在特别潮湿的房间内，应选用有反射镀层的灯泡，以提高照明效果的稳定性；在高温场所，宜采用散热性能好、耐高温的灯具；在需防紫外线照射的场所，应采用隔紫灯具或无紫光源；在有爆炸或火灾危险的场所，应根据有爆炸或火灾危险的介质分类等级选择灯具，应符合相关要求。

⑤按照防触电保护的原则来选用灯具。灯具的结构应该符合安全和防触电指标。

⑥应选择高效、节能、经济的灯具。效率是选择灯具的一个重要因素，高效率的灯具在获得同一照度时，消耗的电功率最小且能够做到科学合理、节能降耗、减少投资。另外，还应考虑灯具本身的初始投资费用以及安装和更换的经济性。灯具中电光源的寿命也会影响到灯具的经济性。

⑦选择灯具还应该考虑到是否易于安装、操作简单、便于维护。

⑧充分考虑灯具与环境的协调和配合，灯具还应兼具美化环境的作用。

41

第二节　室内照明设计的原则

一、安全性原则

照明设计的首要考虑因素是确保安全。在设计、施工以及使用等各个方面，都需要全面考虑安全问题，绝不能有任何放松。

第一，在设计时，要全面考虑电气问题，如电路回路设置、电路负荷等，以防止意外事故如火灾和触电的发生。还要考虑怎样能够确保照明设施运行后的检查和维护步骤的安全。第二，光源要安全，对一些安全隐患如光源爆裂、光线损伤人眼等要及时发现并规避。第三，要选择安全的照明器具，特别是要对组合型照明器具的各个部件的连接稳固性、漏电防护以及散热性能等进行仔细的研究分析。第四，需要严格控制照明系统的施工操作。这包括确保线路施工符合规范要求、照明器具的安装固定可靠。尤其对于那些重量和体积较大的照明器具，不能忽视重量和外力对其安装效果的影响，设置的承力点必须是独立的且承载力充足。

二、功能性原则

在进行照明设计时，需综合考虑照明目的和照明设施与空间的适用性等因素，以确保照明设计满足功能需求。要精准定位不同空间的用途，并结合具体环境条件和功能需求进行设计。比如根据室内的特点如构造、材质和室内设备的摆放以及表面材料等，确定照度和光效，形成满足使用要求且令人愉悦的照明环境。照明设施的选择要考虑使用空间的温度、湿度等物理条件，保障照明设施的安全性和耐久性。

三、装饰性原则

照明设计是现代室内装饰的重要组成部分，在增强空间效果、丰富视觉效果、渲染艺术气氛方面发挥着重要作用，是美化空间、营造环境氛围的重要手段。照明光源的表现效果具有不同的情感特征，照明设计不仅要利用光源的这种特性使人产生心理反应，同时要用与空间功能性质结合恰当的光源色彩增强空间功能特征的显现。形态各异，材质、色彩丰富的灯具本身就是很好的装饰元素，与不同光源搭配所产生的光效更增添了空间的审美情趣。而将光源与灯具融为一体，采用不同的组织形式和灯光控制技术，使光环境呈现出多样化的变化和韵律，从而营造出各种不同的环境氛围，提升室内空间的视觉感受，这也是照明设计的一项重要任务。

四、经济性原则

人们对照明设计尽管有增加环境审美性的需要，但照明的基本目的是满足使用功能，肆意增加不必要的照明设置和仅为追求装饰性而增加经济投入是不合理的举动。照明设计要准确把握功能需求和审美需求，减少额外的经济支出。

要将功能需求合理定位，结合科学设计，让照明设备能够更好地发挥作用。同时，应该秉持适中的原则去选择相应质量的设备。这种方法可以让一次性经济投入有效减少。另外，我们也需要考虑照明设备的运营成本，也就是未来需要进行的经济支出。例如，挑选能耗低、效率高、寿命长的光源等都可以有效降低后续的经济负担。

第三节　室内照明设计的依据

自然光于室内空间设计上的应用在人工光源出现之前备受关注，因此，如何在室内最大限度地利用自然光成为当时建筑师必须考虑的重要设计任务。人工光源刚刚出现的时候，由于光线的获取变得十分容易，建筑师开始得以摆脱采光限制，于是建筑的外观和内部构造开始展现出更多元化的特点。一些没有窗户的建筑开始出现，它们完全依赖人工光源，这明显显示出设计师对人工光源设置所达成的光环境的自豪和满足。这种现象一直延续到20世纪30年代现代主义建筑运动兴起前，此时，建筑师方才认识到对于人来说，无论是自然光还是人工光都很重要，没有先后。尽管如此，光污染的范围依然在扩大，从城市蔓延到了远郊地区。只需要抬头观察夜空中的星星是否可见，就能了解当前光污染的程度。

在过去的100多年里，人类经历了从人工光的发明到人工光的滥用的过程。当前，光污染问题日益严峻，我们必须重新审视室内照明设计的原则，改变我们重人工光轻自然光的错误认知。

43

一、人的生理反应

感受器官是人体接收外部刺激的媒介，这是不言自明的。人类的感官包括视觉、听觉、嗅觉、味觉和触觉这五大基本系统。

在这五个感知系统中，视觉系统排在第一位。人对外界信息的获取，80%以上依赖视觉。[1] 我们的视觉系统感知到外界环境中的可视信息，例如色彩、形态和光影，然后将这些信息传达到大脑中，大脑分析判断后对我们的语言和行动做出指导。

人们只能通过眼睛接收和感知光信息。不同程度的光线强度会对眼睛造成相应的影响。如果光线过于强烈或者明暗对比太过明显，达到人眼已经不能适应的程度，就会给人带来眩晕和恶心的感觉，甚至会暂时失明。因此，在制定科学的室内照明设计方案时必须充分考虑人类对光的生理反应，这一点必须引起重视。

二、人的心理感受

近年来，在心理学研究和临床治疗领域，出现了一种通过光治疗人类心理疾病的方法。这种光疗法主要治疗由于时差混乱而引起的身体节奏失常，如失眠、自闭症、抑郁症等。具体而言，例如利用光疗法治疗睡眠障碍，向患者照射3000lx以上的高照度灯光1～2小时，通过刺激视网膜神经，间接地

---

① 瞿燕花:《环境设计实践创新应用研究》，中国海洋大学出版社2019年版，第155页。

刺激掌管生物钟的下脑丘，达到调整身体节律的目的。采用光疗法的根本依据在于"人生来就具有向光性"的特点。

明亮的光不仅能刺激视觉神经，还可以引导人的情绪。一般情况下，沐浴在直射阳光中，人的情绪会高涨；而处在黑暗的夜空下，人的心情会变得低落。不同的亮度对情绪的影响不同，不同的人对亮度的感受也不同，因此不能一概而论亮比暗好，如图2-9，阅读室的灯光就不能过亮。当我们需要进行思考或完全放松身体时，暗的环境可能更适合。

图2-9　阅读室灯光不能过亮

三、人的尺度

以人的尺度为依据才能创造出适合人居住的环境。文艺复兴运动以前，不论是东方的佛殿还是西方的教堂，建筑师是以佛和神的尺度为设计依据，普通的民众处在被巨大尺度所震撼的位置（见图2-10）；文艺复兴以后，人类开始将目光转向自己，开始观察自己，感觉自己的身体，开始以人的尺度作为一切设计的依据。但是，工业时代的来临，却打破了这种和谐，巨大的烟囱和庞大的机器再次抛弃以人为本的设计理念，人们又一次处于被动的位置。城市的街道、建筑等空间的设计都以规模化的产品和巨大的机器为设计基准。直到现在，大多数的现代化城市仍旧保持着水泥森林的城市景观，只有在极少数的小城市中，是以人的尺度建造广场、街道、建筑。

图 2-10 罗马万神庙的自然光设计，富含宗教寓意

室内照明设计作为环境设计的一个分支，如果无法以人的尺度为设计依据，人们就无法在环境中身心舒适地享受生活。只有以人的尺度作为室内照明设计的基本依据，考虑不同年龄段、不同身高、不同体形、不同生活习惯的人群的特征和需求，才能创造出安全和舒适的光环境。

四、空间功能依据

室内空间的功能由人们建造房屋的目的和使用要求而决定，人们从事不同的社会活动，所需要的空间功能不同，室内照明也千变万化。所以，空间的功能决定了照明设计，空间功能是相对稳定的，而照明设计是可以多变的，两者不可分割、相辅相成、相互依赖。不同的空间功能需要与之相适应的照明才能满足其使用要求。应根据人们在空间所做的事情，适应其对光环境的要求，对照明的形式、亮度、光源等进行设计。

第三章 室内照明设计光源概述

本章主要内容为室内照明设计光源概述，分别对自然光源、人工光源做出分析，只有了解了这两种光源的特性，才能够利用光源营造出理想的室内光环境。

第一节 自然光源

人类进化超过500万年，智人的出现是在晚近的阶段。直到几千年前，人类才在自然光模式主导的环境中进化。

我们已有成千上万年生活在最充足的光源——自然光下，与之不断产生复杂的互动，并依赖着它。相比较而言，我们在20世纪很短时间内就已经习惯了电灯。尽管我们有难以想象的适应性，但是进化使人类在身、心两方面适应了在自然光照世界里的生活。理解这一点可提醒我们去创造舒适、自然、给我们身体与精神上都带来益处的照明环境。如果对抗自然光的规律，我们也会有意或无意创造出不舒适、不健康的照明环境。从这个意义上说，光源拥有强大的力量，不仅能影响视觉感官，还能影响环境中的情感与生理体验。为了能够做到这一点，我们需要了解自然光的规律与特质。

一、自然光简介

自然世界存在一些非人造的光源，如火、闪电，甚至深海生物的生物性发光和萤火虫。但当我们谈论起自然光时，一般指的是阳光。

阳光对我们的星球来说是奇妙的资源，没有它就没有生命。阳光已照耀了地球亿万年，是"生命之光"。正是有了光，人类才得以进化。人类视觉系统及对光和色彩的心理与生理反应，在本质上与阳光及它的核心特质有关。

不论直接还是间接，阳光都是我们星球的主要自然光源。阳光抵达地球有几种方式：来自太阳的直接光线，云的反射与漫射光，上层大气的散射形成蓝天或地球表面物体的反射。

当阳光接近地球时，光被上层大气的微小颗粒散射。这个过程称为"瑞利散射"，蓝光的散射更强烈，而更多其他波长的光线被传输。结果，许多太阳的蓝光散播在大气中，天空变成了蓝色。因为这种散播，使抵达地球表面的太阳光线在色彩上显得更加温暖。然而，带着些许金色的太阳与蓝色天空的结合意味着地球上的平均日光与太阳本身的自然白光的色温非常接近。

大气中阳光也被水和冰散射，但因为云中的水滴足够大，所有波长的光线都被散播，光线依旧保持在白色。除非是极暗的乌云，基本上大量的光线都可以被传输，散射形成了均匀漫射的光线。甚至在完全的阴天，当看不到阳光时，照明强度一样可以很高。阴天会令人沮丧，使我们感觉沉闷，氛围阴郁而令人不快。

如果我们不想有令人沮丧的环境，阴天的消极一面在室内照明中需要留意避免。最明显的一点是光线几乎一致而无方向感。没有方向，我们不知道哪里来的光触发了我们的视觉。没有光影意味着我们失掉了三维造型和肌理的最微妙的视觉线索。

投射的阳光不太明显的是色温的变化。阳光的平均色温是 6500K（主要取决于天气条件和你所在的位置），在阴天能投射约 10000K 冷白光，这与糟糕的天气有很大关系。而在室内空间，如果照明光线没有方向感，沉郁的效果会和室外一样强烈。

比较自然采光条件的照明方式是有意义的，毕竟，当我们身处其中，这恰好是我们的视觉系统做的事。无论我们是否意识到，我们总是会将室内照明与我们的外部光线体验做对比。

二、自然光的分类

（一）直射光

一天之中，由于地球自身的倾斜角度与自转，直射的阳光的照射状态是一直在变化的，因为早上和晚上时间不一样，所以它的照射的亮度和方向也不相同。可以依据地面与太阳形成角度的不同，把太阳整天直射的不同情形分成三个照射时段。

（1）早晚太阳光

当早上太阳从东边升起再到黄昏从西边落下时，太阳照射的光线与地面形成夹角的变化为 0°～15°。太阳在照射时，经过大气层的光线比较柔软，与天空光的光比大约是 2：1，这个时段特别短，光线的强弱变化反应特别剧烈，因此，人们能够直观地感受到（见图 3-1）。

图 3-1　太阳从地平面升起

上半天和下半天的太阳光与地面形成的夹角在 15°～60° 之间，一般情况下，往往是说上昼 8 点至 11 点、下昼 2 点至 5 点这两段时间的光线，照射的强烈程度的变化还较平稳，能够很好地展示出大地上物体的形状和形态。这个时间太阳光和天空光的光比大约是 4：1～3：1，呈现出的场景有着完美的黑白对比变化。

（2）中午太阳光

中午的太阳光又被叫作顶光，从上边向下边笔直地照射大地上的物体，在这种光线的照耀下，物体的水平面被广泛地照明照亮，但是垂直面的光线却极少，甚至全都笼罩在暗影之下。这个时间的太阳：光与大地的照射夹角往往受季节变换的影响，在夏天晌午的太阳光大部分以 90° 笔直地朝下面照耀大地上的物体，大地上物体的影子比较小。但是在其他三个季节的晌午，太阳光从上边朝下边接近 90° 照耀。在冬天的晌午，它与大地照射的角度会斜一点，但仍会使人们认为是 90°。

48

（二）散射光

（1）天空光

天空光是太阳光经过大气层时，大气中的空气分子、尘埃和水蒸气散射形成的现象，产生一种比较轻柔的漫反射光。在太阳升起和降落时，越来越接近大地的天空光会更透亮，距离大地比较远的天空光会更灰暗。大地上的物体在这种散射光的照耀下，大部分的亮度会很暗。

（2）薄云遮日

当一层淡淡的云遮挡太阳光时，就没有了直射光的本质，但却有着方向感，构成了黑暗与明亮相互比较的、具有完美视觉成效的光线差。

（3）乌云密布

当厚重的乌云遮蔽太阳光时，在透过大气层的反射后会产生阴暗的漫射光，这种光没有方向感，光线散布得比较匀称。

这些视觉感受完全不是人类可以创造出来的，可以说，奇幻瑰丽的自然光正是照明设计的艺术源泉（见图3-2）。

图3-2 乌云蔽日的瑰丽视觉

三、自然光的强度范围

与电灯相比，自然光的光照水平在短短几个小时内就会有很大幅度的变化。在室内，我们对照明水平通常的体验范围是1000∶1（我们可能遇到的最亮对象与最暗对象的照度比）。与此相比，12个小时的自然光，从正午到午夜，可能提供超过1000000∶1范围的照明。由此可见，拥有如此大的光线强度范围是自然光的一大特点。

　　光线水平的日变化每年也在周期性地改变。因为地球的轴向倾斜，自然光明显的季节性变化在世界许多地方体现出来。离赤道越远，季节性变化越明显。伦敦在赤道以北51°，属于温带气候。因为夏季朝向太阳倾斜，冬季远离太阳倾斜，所以夏冬之间昼长有明显的差异。地球的倾斜也可反映一年不同时间抵达地球表面光线量的不同。正午时，没有光线直射的阴天，夏季时可产生约35000lx的光，但冬季只有它的1/5。

四、自然光的方向

　　自然光主要来自我们头顶上方（见图3-3）。直射的阳光与散射的天空光线的结合可以产生非常强烈的向下的自然光线。我们能看到周围的绿色植物或山脉，是因为它们向我们反射了光线。自上而下的直射光线比地面反射的光线要强很多，但反射光线能提供大量的环境光。然而，即使在背阴条件下，最亮的区域往往也在上方。日光的这个特征可以判定特定方向的光线是自然的还是非自然的。

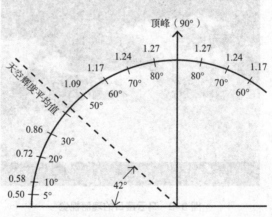

图3-3　自然光的方向

　　将向上投射的强光照向某一人，会产生非自然的效果，一部分原因是它不是光线的自然投射方向。当然，在真实世界复制这种条件也不是不可能。太阳光被类似水或光滑潮湿岩石的反射面反射，能产生强烈的向上光线。然而，大脑认为这种体验到的任何向上光线的场景是不多见的，并将其列为非自然的光线方向。

五、自然光的色彩

一天之中，自然光的色彩存在很大的波动。我们可以明显地意识到从太阳升起到太阳落下时的变化。但一天中还有更微妙而持续的变化，上午的光与下午的光有质的区别，远超出天空中太阳位置的变化。这个变化也许发生得很缓慢，我们甚至意识不到轻微的色彩差异，但它仍然在持续地变化，自然光的特性让我们意识到一天之中时间的悄然改变。

高层大气的瑞利散射强烈分散蓝色光，我们因而看到了蓝色天空，正午时我们才可以看见晴朗的天空与灿烂的阳光。光也可以被底层大气中的灰尘与花粉散射。随着高层大气的散射，蓝色光被强烈影响，导致熟悉的蓝色薄雾有时模糊了远山。艺术家称之为"浓淡远近透视法"，它指出自然世界中距离的强烈可视特征。即使在阴天，天空中也有明显的色彩范围显示出来。太阳开始落下前，一般会出现微妙的金色。虽然瑞利散射强烈影响到蓝色光，但是它也分散所有可见光的色彩。黄昏时的光线比正午时的头顶光穿过更多的大气。等到光线抵达观看者的眼睛时，所有的蓝色光已经被散射，随着太阳落下地平线，余下的光线变得越来越红（见图3-4）。太阳落下以后，天空与云彩依然给予大地自然光。高处的云被阳光照亮。在这种情形下，光线又明显地往蓝色光转变。即使是多云的夜晚，天空中也还有光线，太阳落山两小时后，长时间曝光的照片能捕捉到环境中微暗的蓝色（见图3-5）。室内空间里，来自不同方位的光线对进入空间的自然光的色彩产生影响。

图3-4 黄昏的自然光是红色的

51

图 3-5　太阳落山后微暗的蓝色

52

六、自然采光的形式

在室内光环境的规划中，自然采光以侧面采光、顶部采光和地下室采光三种样式为主。

（一）侧面采光

1.采光类型

侧面采光又可以分成多个部分，比如有单侧、双侧及多侧之分。依据采光口的高度，又能分成高、中、低侧光。侧面光能够选用完美的方向和露天景物，光线因为有着鲜明的方向感，所以能够产生投影，且可以避开眩光。但是侧面采光只可以保障仅限深度的采光条件（通常不会高过窗的 2 倍），再深的位置就要借助人为照射。还因为采光的形式及墙脚形式的不一致，室内会有各种不同的暗角需要处理。一般侧面采光口置于 1m 左右的高度，有些场合为了利用更多墙面（如在展厅，旨在争取较大的展示空间）或旨在增强房间的亮度（如大型厂房等），可以将采光口提升至 2m 之上的位置，这就叫作高侧窗（见图 3-6）。自然采光大多采用侧面采光的方式。

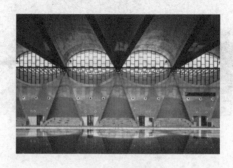

图 3-6　高侧窗

从 20 世纪 80 年代开始，我国的大型建筑开始运用大面积玻璃窗及玻璃幕墙，这是一种侧面采光的方式。在现代建筑中，由于室内引进了充足的阳光，使建筑物变得更动人、更有生气。

2. 窗地比

侧面采光的光线比较饱满的地方是在距离窗户近的位置，光线比较微弱的地方是距离窗户远的位置，与此同时还要考虑到暗角的问题，所以就要准确地计算窗口的宽窄、高度以及窗口的数量。

在建筑设计中，我们将室内侧面窗洞口的面积与该室内地面面积之间的比值称为窗地比。根据我国现行规范，表 3-1 为住宅房间的窗地比。

表 3-1 住宅房间的窗地比

房间名称	侧面采光	
	采光系数最低值（%）	窗地比
卧室、起居室（厅）、厨房	1	1：7
楼梯间	0.5	1：12

在通常情况下，室内侧面采光面应不小于室内地面积的 1/5。如果窗户过小，屋内的光照就会很微弱，因此屋内就会有恶劣的视野，身体、心理就会轻易地疲惫；如果窗户过大，照射进来的光会很强烈，在强光的作用下也会让人心烦意乱，充满暴躁的情绪。除此之外，窗户的高度也使屋内有着不一样的光。窗户位置太矮，照射在屋内的光会聚集在一处，难以分散开来，窗户位置如果适当，照射进来的光就会较匀称、轻柔。一般室内靠窗的区域光线强度相当于室外的 1/10，室内最远处的光线强度又是窗边的 1/10。因此，室内读书、写字、缝纫等工作必须靠近窗口。

（二）顶部采光

天然采光的方式还包括顶部采光，采光方向从上到下，亮度分散匀称，光的色泽比较天然，生成的效果比较好。顶部采光也能分成不同的方面，包括顶部双斜面采光、全顶采光、部分顶面采光、顶部单斜面采光等。除了全顶采光之外，其他采光形式会让室内产生不同的暗角需要处理。顶部采光在上部有障碍物时，照度会急剧下降。由于顶部采光一般是垂直光源的直射光，容易产生眩光，不具有侧向采光的优点，故通常只用于大型展厅、接待室、厂房等（见图 3-7）。

图 3-7 天窗实例

顶部采光可与通风相结合。为了起到隔热、隔音的效果，玻璃窗可用中间充氩气的双层玻璃窗。为了具有遮阳作用，可在玻璃贴面上设置可移动的遮阳板。

（三）地窗采光

现代建筑为了充分利用土地资源，最大限度节约建筑用地，提高建筑空间的利用率，正在大力开发地下建筑及设施，如建造健身房、音响室、休闲空间、储藏室、备用卧房、车库等。在之前都是用人为方式来进行地下的采光，这样容易虚耗资源，而且地下潮热，环境不好。

最准确的方法应是利用差位规划安装地窗来改善地面采光的情况，将天然光线与清新的空气一同输送到地下，让地下的环境可以得到明亮的光线，改善地下空间环境（见图 3-8）。

图 3-8 地下采光实例

第二节 人工光源

一、人工光源的类型

目前，人工光源的类型包括热辐射光源、气体放电光源和固体发光光源三种，不同光源可组成光纤照明系统。

（一）热辐射光源

热辐射光源是借助电流经过电阻丝产生热量最终形成的热辐射发光，如白炽灯和卤钨灯。

19世纪70年代，伟大的发明家托马斯·阿尔瓦·爱迪生（Thomas Alva Edison）创造了白炽灯（见图3-9），它的优点是显色性能比较好，构造简单。劣势是效能比较低，仅有10%的电能可以转化为光能，属于高能耗电器，使用期限较短暂，时间大约是34天；红外光谱超过发光总光谱60%以上[1]，对人的眼睛很不好。

图3-9 白炽灯泡

越来越紧缺的资源以及人们对光线的极高要求降低了白炽灯的使用频率，被性价比更高的卤钨灯代替。

卤钨灯是一种性能更为优越的白炽灯，与传统的白炽灯相比，发光效率更高且使用寿命更长。室内环境中，带反射镜的低压卤钨灯常用于泛光照明，

---

① 吴波主编：《日常节能好处多》，北方妇女儿童出版社2012年版，第72页。

55

这种灯不会出现灯泡变黑的现象，光衰小，而带有分色镜的卤钨灯可以进行彩色照明，并且可以消除 80% 以上的红外线，所以在商业空间或会展空间中常用到这种灯。

（二）气体放电光源

气体放电光源分为低压气体放电光源、高压气体放电光源和辉光放电光源。

（1）低压气体放电光源

低压气体放电光源有荧光灯、紧凑型荧光灯、低压钠灯。

① 荧光灯。

在 20 世纪 80 年代的时候，人们第一次创造出来用低气压来放电的荧光灯。荧光灯与热辐射发光是不一样的，它是借助荧光粉的作用，再经过紫外线、电子或 X 射线的映射后产生可见光，它的效能与白炽灯相比要好很多。现在卤磷酸钙荧光粉是用得最多的荧光粉，这类荧光粉有着光效好、性价比高等优势，但是因它射出的光是有着单一频线且大多数进入了紫外的光谱中，光源色看起来比较冷。普通荧光灯显色性一般，常用的荧光灯有直管型和环型两大类。

② 紧凑型荧光灯。

紧凑型荧光灯也可以叫作节能灯，是通过三种（蓝色，绿色，红色）不一样色泽的稀土荧光粉以比较恰当的含量做成的灯管，然后再加上品质佳的镇流器，紧凑型荧光灯的优势包括效能高，稀土荧光粉可以把不能看见的紫外光线转化成能够看见的红、绿、蓝光，促使光的效能到达 50lm/w 之上，是白炽灯的 5～6 倍；色泽凸显的效果较好，经过稀土荧光粉的转化，产生的颜色多样又充实，显色指数 Ra 到了 80 之上，非常近似天然光，对视力的保护有着非常大的帮助；光通量较小，2 000 小时的光通量大约在 10%～20%；发出的光线比较稳固，没有频繁闪烁。

③ 无极荧光灯。

无极荧光灯最大优点是它去除了限制荧光灯使用时间的重要元素——电极，所以通常是指没有电极的荧光灯。

无极灯的批量产出要追溯到 1991 年，那个时候，日本的一家名叫松下的公司只在日本产出无极荧光灯，它的运行是借助 H 型放电的机制。在泡壳的最大周径缠绕带有空气芯感应的线圈，与此同时还在内部设置了镇流器。它以 13.56MHZ 的频率运作。对一盏只有 27W 的灯来说，它的运转电压是交流 100V，相对应的光通量发出的是 1000lm，所以，光效是 37.0lm/w。而它的平均使用期限则达到 40 000 个小时。为了避免电磁的影响，在这类灯还被放在一个金属罩之中。同年，飞利浦公司公布成功创造出 5SW 的高频无极灯，在之后的五年时间里，又连续创造出 85W 和 165W 的高频无极灯。高频无极灯是聚集现在不同种电光源长处为一体的新光源，它的优势有很多，如使用期限长、效率快、凸显色泽的性能好、能够稳固地发出光线、没有频繁闪烁的现象且达到了绿色环保的需求。

④ 低压钠灯。

低压钠灯是利用低压钠蒸气放电发光的电光源，在其玻璃外壳内覆盖了反射红外线的膜材料，具有高效发光和光衰率低的特点。单色的黄光由低压钠灯发出，显色性比较差，所以低压钠灯常用于对显色指数要求低的环境中。

（2）高压气体放电光源

高压气体放电光源有高压汞灯、高压钠灯、金属卤化物灯等。

① 高压汞灯。

这是目前用量较多的灯种，特别适用于室内外的植物照明，由于这种高压汞灯的蓝绿光谱最强，所以绿色植物在此光源下色彩更接近白天看到的绿色。但由于光效较低、发光颜色单调，所以适用范围较窄。

② 高压钠灯。

高压钠灯因其有较高的光效而用于一些道路照明。但它的显色指数（Ra）比较低，普通的钠灯只有 20~30Ra，质量好的能达到 40~50Ra；起步所需的时间较长，在通电之后大概经过 5~15 分钟才能够充分完全照亮；在发亮的进程中会产生极大的热辐射，在完全发亮一个小时之后灯具内部可以达到一百多度的温度，在夏季或在某些有着较高温度的空间时，钠灯在较长时间发亮的时候会发生断弧，断弧之后与忽然断电的情况相似，这种情况会影响使用功效。高压钠灯在达到燃点时温度接近最高，会产生显著眩光现象。有着高显色性能的钠灯虽然显色性能在一定程度上有所改善，但它的使用期限和发光效率都在下降。

③ 金属卤化物灯。

金属卤化物灯也是高压气体放电灯的一种，综合比较，它比高压钠灯更实用，光效在 70～901m/w，其显色指数约为 60。金属卤化物灯和高压钠灯因为属于高压气体放电灯的一种，所以需要较长时间才能启动，在点亮的过程中热辐射很大，此外，在使用期内，同一支金属卤化物灯的色表变化很大。

（3）辉光放电光源

霓虹灯属于冷阴极辉光放电光源。经研究表明，它的名字是基于 "neon lamp" 进行的翻译，而该术语指的是稀有气体元素氖制成的灯管。在早期生产的霓虹灯中，充入的是一种稀有气体，叫作氖气，因此 neon lamp 可以按意译翻译为氖灯，也可以按音译翻译为霓虹灯，两种翻译意思相同。而音译过来的霓虹（neon）一词，正是汉语彩虹的意思，恰好霓虹灯充入稀有气体如氦、氖、氩、氪、氙以后所发出的绚丽光色，正如天上彩虹般艳丽，因此霓虹灯的叫法就在我国一直沿用下来（见图 3-10）。

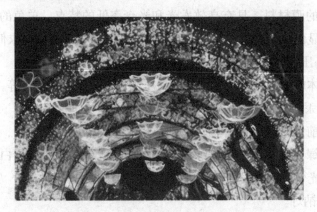

图 3-10 城市中色彩丰富的霓虹灯

科学家克洛德·乔治斯（Claude Georges 于 1910 年生产了全球首支可商业化生产的霓虹灯，被用来装饰照明巴黎的皇宫大厦，受到广泛的欢迎并取得成功。20 世纪 30 年代中期发现了荧光粉，从此进入了用荧光粉管制作霓虹灯的新时期，结束了用透明无色玻璃管制作霓虹灯的一统局面，开创了霓虹灯发展史上的又一里程碑。

由于透明玻璃管制成的霓虹灯有不少缺陷：一是色彩不够丰富；二是某些色彩的填充气价格昂贵；三是涂敷透明玻璃管漆的方法会降低霓虹灯的光效；四是去气、充气工艺比较复杂。而采用荧光粉管制成的霓虹灯，克服了上述缺点，并且颜色极为丰富，光效大有提高，适用性更为广泛。

随着技术的进步，近年来出现一种更实用和美观的柔性霓虹线，这是一款全新的国际发光显示照明相关产品，外观类似于常见的电话线，外表覆盖了彩色荧光塑料。它在工作时能够持续发光而没有热辐射，同时能够节能，耗电量仅为 LED 灯的 50%～70%，串灯的 20%～40%，霓虹灯的 1%～10%。

（三）固体发光光源

LED 的基本构造是一块电致发光的半导体。它发光光源的特征是：LED 用的是电压比较低的电源，提供电源的电压在 6～24V 之间，会依据不一样的产品来进行调整，因此它是一个比高压电源更可靠的电源，尤其可以用在大众空间使用；耗费的资源同白炽灯相比节减了 80%；占用空间很小，每片 LED 仅是 3～5mm 的形状，能够创作不同轮廓的物件，且能够适应多变的空间；稳固性能极强，使用期限大概在 1 万小时；反应的时间很短，白炽灯的反应时间可以用毫秒来计算，LED 灯的反应时间则是用纳秒来计算的；对环境没有任何坏处，因为它不包含有害金属汞；色泽非常充实，只调整电流就能够变化颜色，使红、橙、黄、绿、蓝多种颜色发出光泽，例如在小电流的时候是红色的 LED，跟着电流的调整，颜色能够变化成橙色、黄色，最终变成绿色。

但是，与白炽灯做比较，现在 LED 比较贵，几只二极管就能够买一支白炽灯了，且一般情况下每组的信号灯需要由 300～500 只的二极管来组建。

59

（四）光纤照明系统

光纤照明系统由光源、反光镜、滤色片及光纤组成。

当光经过反光镜之后会产生一束与平行光相似的光线。因为滤色片的影响，让这个光线转化成了彩色的光。当光束介入光导纤维之后，彩色光就跟着光导纤维去到之前预约好的位置。

因为光在传播中会发生消耗，因此要用亮度比较强的光，一般情况下光源是 150～250W。但是为了取得接近平行的光束，发亮的点要尽可能地小，最好接近点光源。

取得接近平行光束的关键原因是反光镜，因此通常用非球面的反光镜。

滤色片是调整光线色泽的工具。依据情况的不同，用不一样色泽的滤光片就可以取得相对应的颜色光源。

光纤在光纤照明的系别中占有重要的地位，光纤承担着将光送到预定好的地方的责任。光纤有两种形式，例如"线发光"和"端发光"。"线发光"

自身就能发光，可以产生发光的线；而"端发光"就是将光束传送到端点之后，经过尾灯来照明。

为确保照明质量，光纤材料必须在可见光范围内实现最小化光能量损失。因此光的传输距离一般都很短。然而，光纤传输的最优距离为30m左右，因为损耗是不可避免的现实。

光纤有单股、多股和网状三种。对单股光纤来说，它的直径为6～20mm，同时又可分为体发光和端发光两种。而对多股光纤来说，均为端发光。多股光纤的直径一般为0.5～3mm，而股数常见为几根至上百根。网状光纤由大量"线发光"的光纤组成，形成柔性光带（见图3-11）。

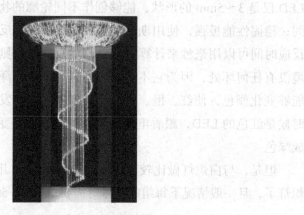

图3-11　造型能力突出的光纤照明

二、常用人工光源及特性

（一）白炽灯

白炽灯的主要部件为灯丝、玻壳、填充气体和灯头。灯丝是白炽灯的发光部件，由钨丝制成；玻壳一般由耐高温的硬玻璃制成，其作用是保护灯丝，使灯丝与外界空气隔绝，避免因氧化而烧毁。同时，为了减少灯丝的蒸发，提高灯丝的工作温度和光效，必须在灯泡中充入合适的惰性气体，如氩氮混合气体、氮气等。灯头是白炽灯电连接和机械连接部分，按形式和用途主要分为螺口式灯头、插口式灯头、聚焦灯头和各种特种灯头。

1.特点
白炽灯具有显色性好、价格低廉、适于频繁开关、便于安装等特点。尽管白炽灯是一种常见的照明设备，但事实证明其效率是最低的，因为只有约10%的电能被转化为光能，而其余的电能被浪费为无用的热量，而且寿命短（白炽灯的平均寿命通常为1 000h左右）。

2.种类及应用范围

根据结构的不同，白炽灯可分为普通照明用白炽灯、装饰灯、反射型灯和局部照明灯四类。

（1）普通照明用白炽灯

普通照明用白炽灯是住宅、宾馆、商店等用于照明的主要光源，其玻壳有透明的、磨砂的和乳白色的。图3-12所示，卫生间大面积使用普通照明用白炽灯，营造出简约、温馨、舒适的氛围，墙面在暖黄色光的映衬下显得更加有质感。

图3-12　普通照明用白炽灯的应用

（2）装饰灯

装饰灯的主要特点是形式多样，色彩多变。将装饰灯与室内空间的界面、造型、陈设等相配合，可在确定室内设计艺术风格、营造室内整体氛围方面起到画龙点睛的作用。

（3）反射型灯

这种灯在玻壳内装有反光体，或在玻壳的部分内表面覆以金属反射层，使光束能定向发射。反射型灯适用于灯光广告、橱窗、体育场馆及展览馆等需要光线集中的场合。图3-13的橱窗展示，使用反射型灯使展示品更加突出，能够明确地表达出设计者的展示意图。

图 3-13　反射型灯的应用

（4）局部照明灯

局部照明灯的结构外形与普通照明用白炽灯相似，如台灯、便携式手提灯等。局部照明能使人更加专心地学习和工作。

（二）卤钨灯

卤钨灯采用的是卤钨循环理论，通过向材质为硬质玻璃或石英玻璃的白炽灯泡或灯管内注入一些卤化物，将攀在玻壳里面的钨送回灯丝，以此提升光的效率和使用期限，同时避免白炽灯的黑化。

1.特点

卤钨灯不仅保持了白炽灯的优点，而且体积更小、光效更高、寿命更长（平均寿命为 1 500～2 000h）、显色性好、聚光性强，被广泛应用于重视显色性的场所及工作室的照明。

但是，相对白炽灯而言，卤钨灯的价格较高、耐震性较差，不适合用于震动的环境及易燃、易爆或灰尘较多的场合。

2.应用范围

卤钨灯广泛用于舞台、橱窗、展厅等需要控制光束的场合，如博物馆、纪念馆的展品照明（见图3-14），商店贵重物品、工艺品的展示照明，商场和百货公司柜台、货架的定向照明，饭店、宾馆等处的走廊、电梯照明及住宅空间的室内装饰照明等。

图 3-14　灯光下的展品更具质感

（三）荧光灯

1. 特点

与白炽灯相比，荧光灯具有发光效率高、光色宜人且品种众多、显色性好和寿命长（平均寿命为 3 000～5 000h）等优点。

因此，在大部分的室内照明中取代了白炽灯。荧光灯应用广泛，类型较多，常见的有直管型荧光灯、环形荧光灯和紧凑型荧光灯等（见图 3-15）。

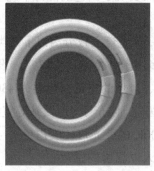

图 3-15　直管型荧光灯、环形荧光灯和紧凑型荧光灯

2. 种类及应用范围

（1）按管型分

① 直管型荧光灯。直管型荧光灯是双端荧光灯的一种，在生活中用得多的标称功率有 4W、6W、8W、80W、85W、125W 等，而管径的规格大多有 T5、T8、T10、T12 等多种类型（其中 T5 和 T8 最普遍用到的），灯头的规格以 G5 和 G13 为主。

T5 型荧光灯以其较高的显色指数和卓越的显色性能，给予色泽鲜艳的物体和空间完美的照明功效，与此同时，有着光通量弱、使用时间长、平均使用期限可以达到 10 000h 等优势。适用于那些渴望在空间中呈现出多彩色泽的场所，例如时尚服装店、百货商场、超市等。

T8 型荧光灯的显色、亮度、节能都较佳，且寿命长，适用于追求色彩朴素但要求亮度高的空间，如宾馆、办公室、商店、医院、图书馆、住宅等。

② 环形荧光灯。环形荧光灯与直管形荧光灯并无显著差异，唯一的区别在于它们的几何形状。通常情况下，G10 是一种规格为 22、32、40W 的灯头，它们被广泛用于标称功率。环形荧光灯被广泛应用于家庭、商场等场所，作为吸顶灯、吊灯等的光源，为照明提供了可靠的选择。

③ 单端紧凑型荧光灯。由于单端紧凑型荧光灯的灯管、镇流器和灯头紧密相连，因此镇流器被置于灯头内，从而形成了一种被称为"紧凑型"荧光灯的设计。紧凑型荧光灯以其卓越的光效、出色的显色性、微弱的光通量、稳固的发光和使用期限长久等特点脱颖而出。E27 等灯头直接将整个灯与供电网相连，从而实现了白炽灯的直接替换。这类荧光灯多采用基于稀土元素的三基色荧光粉，从而实现了出色的能源节约功效。

（2）按光色分

根据色温的不同，荧光灯大致分为以下几类：色温为 6500K 的荧光灯（月光色），这类荧光灯多用于办公室、会议室、设计工作室、阅览室、展览展示空间等，给人以明亮、自然的感觉；色温为 4300K 的荧光灯（冷白色），这类荧光灯多用于商店、医院、候车厅、地铁站等室内空间，给人以安宁的感觉（见图 3-16）；色温为 2900K 的荧光灯（暖白色），这类荧光灯多用于客厅、卧室、餐厅等室内空间，给人以温馨的感觉。

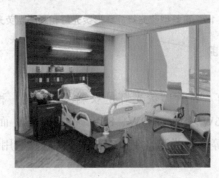

图 3-16　安静的病房

（四）金属卤化物灯

金属卤化物灯又称金卤灯，在混合了汞和稀有金属卤化物的蒸气中，生成了一种放电灯，它可以通过电驱放电来发光（见图 3-17）。金卤灯是一种第三代光源，它是在高压汞灯上有增加了多种金属卤化物形成的，由一个透亮的玻璃壳和一石英玻璃放电内管构成的灯泡。在壳管之间注入氨气或惰性气体，而在内管内部则注入惰性气体。放电管内除汞外，还含有一种或多种金属卤化物（碘化钠、碘化、碘化等）。卤化物在灯泡正常工作状态下被电子激发，发出与天然光谱相近的可见光。

图 3-17　金卤灯

1. 特点

金卤灯具有体积小、功率大（250～2000W）、发光效率高、显色性好、寿命长（平均寿命为 6000～16000h）、性能稳定等优点。

2. 种类及应用范围

金卤灯的构造形态多种多样，包括但不限于双泡壳的单端型、单泡壳的双端型、双泡壳的双端型以及采用陶瓷电弧管制作的金卤灯。在室内照明空间，陶瓷电弧管金卤灯和双泡壳单端型是被广泛采用的光源。

（1）陶瓷电弧管金卤灯

陶瓷电弧管金卤灯是采用半透明陶瓷作为电弧管的金卤灯。与其他金卤灯相比，陶瓷金卤灯具有更高的化学稳定性，因为它能够耐受更高的温度。因此，它的光效更高、亮度更高、显色指数更高，使用期限更长，是大型空间照明的优选光源。

（2）双泡壳单端型金卤灯

双泡壳单端型金卤灯的外壳呈现出管状透明和荧光粉椭球形两种不同的外观形态。当金属卤化物被注入电弧管中时，管状透明外壳金卤灯的 70W 和 150W 色温为 4000K，显色指数 R 分别为 80 和 85，被广泛用于重要照明和室内展览；当注入的气体为铜、钠金属卤化物时，这时它的光源色温为 4000K，显色指数 R 为 60，室内外均适用于带有荧光粉椭球形外壳金卤灯的管内，功率分别为 250W 和 400W，色温是 4300K，显色指数 R 是 68，一般情况下用于室外和空间比较大的室内照明，例如体育场等空间（见图 3-18）。

图 3-18　体育场灯

（五）发光二极管（LED）

LED，一种固态半导体器件，具备将电能转换成可见光的能力（图 3-19）。LED 的心脏由一块半导体晶片构成，该晶片由环氧树脂密封，一端相连着一个构架，而另一端则是衔接电源的正极。

图 3-19　LED 灯

1. 特点

① 灯体小巧。由于 LED 灯将小巧、精细的 LED 晶片封装在透明的环氧树脂里面，因而 LED 灯的灯体较小。

② 能耗低。LED 灯是更加节能的选择，因为它只消耗不到 0.1W 的电能，比同样光效的白炽灯消耗的电能少 90% 以上，比节能灯减少 70% 以上。

③ 坚固耐用。LED 是一种采用半导体发光的固态光源，它使用环氧树脂进行封装，因此它具有全实体结构，能经受震动、冲击而不受损坏，适用于条件较为苛刻和恶劣的场所。

④ 寿命长。在恰当的电流和电压下，LED 灯的使用寿命可达 100 000h，较其他类型灯具有更长的使用寿命。

⑤ 安全低电压。LED 灯使用低压的直流电源，供电电压为 6~24V（根据产品不同而有所差异）。

⑥ 适用范围广。由于 LED 灯体积小巧，每个 LED 单元通常是 3~5mm 的正方形或圆形。相比其他光源，LED 更适用于制备造型和工艺复杂的器件，例如软性、可弯曲的灯管、灯带以及异形灯花等。

⑦ 色彩丰富。LED 是数字控制，发光芯片能发出多种颜色，通过系统控制可实现红、黄蓝、绿、橙多色发光。

⑧ 环境污染少。LED 不含金属汞，不会对环境造成污染。

⑨ 价格相对较高。与白炽灯相比，LED 灯具的价格要贵一些

2. 应用范围

随着 LED 技术的提高，其形式和安装方式已经与传统光源没有区别。因其具有良好的性能故被广泛用于各种场所的室内照明，如工厂、商场、展厅、宾馆、酒店、酒吧、舞厅、医院、学校、住宅等，尤其适用于重点照明和装饰照明。

（六）有机发光二极管（OLED）

OLED（Organic Light Emitting Diode）是以有机化合物薄膜组成的电致发光层的发光二极管，简称有机发光二极管，是电流驱动型器件。它属于固态机构，没有液体物质，因此抗震性能更好，不怕摔；厚度可以小于 1mm，光源具有平面光源的超薄、质轻、柔软、耐用、节能等特点，它具备跨材料基板制造能力，并可打造柔软的可弯曲光源或显示器。相对于 LED，其有较少

的插入元件，有可大规模生产、环保、抗震能力强等一系列的优点，因此它被专家称为未来理想的光源及显示器（见图 3-20）。

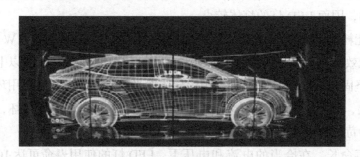

图 3-20　日本汽车展厅中的透明 OLED

1. 特点

① 工作温度范围宽，低温特性好，在 -40℃时仍能正常显示；工作电压很低，仅为 3～5V；响应时间短，无噪声。

② 光线明亮、少阴影、发射舒适的白光，可以像窗户一样透明或像镜子一样能反射；它可以变换的亮度，动态范畴可达 10 000cd/m²；光线均匀、光亮。即便在广阔的视野下观察，画面依旧保持着高度的真实性，几乎不会受到可视角度的影响。

③ 它具有变换色彩的能力，能够灵活地调整发光的色彩，包括深浅和强度等方面，显色指数高，能从冷色到暖色调节白光；其显色指数接近 100；OLED 的红、绿、蓝三种颜色的材料在光效和使用期限方面都已经达到实用化的基本要求；并且 OLED 可在 500cd/m² 及以下发出太阳光或大部分白色。

④ 因为有关材料元件构造的不断研发和广泛应用，可以预算到白色 OLED 照明的使用期限将会大约达到 700 000h，从而延长了 OLED 光源的使用期限。

2. 应用范围

① 因为 OLED 能够衬托大多数的物品，例如能够作陶瓷、金属等材料底色，且可以做成多种类型和轮廓，从本源上研制出一种新型的照明技能和知识。能用于住房和商业大楼的照明，也能用于展示厅的照明。

② 广告牌和标志板同样可以用 OLED 来做，使用的面积近乎 30m²。

③ 家庭和办公室的变色平板灯，大面积壁灯和天花板灯。

④ OLED 的照明不用做成奢华和烦琐的照明工具的，可以在医学上做成

使用期限长的、有着亮度高的无影灯，塑料医疗和安全器件如X射线探测器的集成电路板。

⑤ 它的光的色泽、光的强度还可以从其他地方得到充分的展示，比如编程。

三、人工光源的形式美感

（一）点形式强调空间

从几何的学科范畴来看，点属于具有具体而真实的形态或结构的事物，但是它摸不着、看不见。而从室内的规划上来说，与整个场所、布景相比较，体态轮廓微小的都可以叫作点。所以，点光源就是指所占面积较小的单体灯具所给予的照明，比如直径的射灯、吸顶灯等，这些基本上是在生活中常见的点光源灯具，或简称点光源。在室内照明的策划之中，点光源是被用得最多的。

点光源是一种空间确定性很强的光源形式，具有明确、稳定的特点。这是因为，尽管在应用中大部分点光源可以为我们在视平线范围内提供近乎均匀的光线，但其光线却是来源于一个个"点"，而这些"点"在承载它的界面中显现出明确的方位性，因此能够给场所增加一丝稳重的感觉；且在规划的面积之内，有了较亮的点光源，四周的亮度就会比部分场所的亮低，部分场所就会显得比较清晰（图3-21）。

图3-21　具有明确感的点光源布置

点光源的应用总是遵循一定的组织形式，实现着不同的照明效果，同时也体现着各异的美感特征。分散范围比较大的点光源，会让规定地方与普通地方之间有着明显的亮度差，精确好规定地方的场所位置，与此同时，构成

69

了空间亮度的韵律感。而有序分列的点光源不仅能给予场所匀实的亮度，还能强化界面的规范感和节律感（图3-22）。

图3-22　具有秩序感的点光源布置

（二）线形式的流动美

线在几何学中被看作是点运动的轨迹，所以方向感和运动化是线自身就有的特征。线光源一般是说多种灯具、反光灯槽等照明工具映射出来的连续的光源。除了某些反射范围比较宽泛的反光灯槽外，其他的线光源因有用的光通量较弱，所以通常有着装饰的功能。

线光源有着延伸感，且一直维持着"线"的特征，呈现出一种动态的美。特别是有着多个方向转弯或用弧线形时，线光源犹如潺潺流水，轻柔优美之感更强（图3-23）。

图3-23　具有优美感的线光源

在线性空间使用线形照明设备可以起到整合和连接空间的作用。它能够将相邻的功能区域串起来，使空间衔接更加紧密和自然。也正是因为线光源具有联络空间的作用，所以其能够引导视线的拓展，扩大视野范围。

以线的形式有序排列的点光源的集合也具有线的感觉，合理的组织同样体现着线光源的流畅、优美之感（图 3-24）。

图 3-24　线性布置的点光源

（三）面形式的平静美

面光源是一种照明手段，它通过滤光罩面来实现光线的透射，具有均匀、柔和的特点。由于这种特性，面光源常被认为是最优秀的照明方式。

面光源在顶界面使用时，初衷大多只为提供柔和的光照，通常在亮度分布均匀度要求较高的空间使用，或被用于作业空间操作区域的照明。采用面光源会自然而然地营造出安静、祥和的氛围，甚至产生一种袒露心声、包容万物感觉（图 3-25）。在进行小范围照亮时，因为面光源有着特定的光效能，因此易成为焦点，促进呈现出场所组织。墙面和地面使用面光源更多的是为了追求视觉的引导和空间的艺术效果。例如，地面采用面光源后，形成发光地面，犹如一汪明净的湖水，同时明确了特定空间的区域性，产生对受用者的行为引导。

图 3-25　会议室常用面光源

有些反光灯槽的发光面较宽，一定程度上也具有面光源的特点。尽管此类照明因属于间接照明而散失了部分光，但其与经过滤光处理的面光源一样柔和，并随着光强的逐渐衰减，形成渐变的光感效果，产生幽淡的感觉。

四、人工光源色彩的情感

（一）白光的清纯明快之感

色温为 4500～7500K 的光呈现出近似白色的效果，在这一范围的某些光色近乎日光，因此被称作自然光。亮度恰当的白色光明快又舒坦，是生活中最常见的照明源。

白色光源常常作为一般的照明光源，往往用于文教、商业等场所，以及公共区域，如旅游场地。洁净的白色光对视线有很大的帮助，可以让面积变得宽阔，让人放松休息、朝气蓬勃，以此更好地实现空间的功能价值（见图3-26）。白色光源自然、清爽的特点非常适合用于对当代生活节奏的调节，而且其与当代公共建筑室内装饰装修采用的主流材料具有共同的情感特征，白色光环境下，金属材质更显犀利，石材更显爽朗、刚毅。

图 3-26　明快清爽的白色光源

（二）暖光的温馨恬淡之感

这里所讲的"暖色"特指常规使用中惯称的暖色光源，即色温在 3000K 左右的黄白色光源。黄白色光源的光线柔和、温暖，具有温馨气质，当适度偏暖的光源应用于适宜的空间中时，能够体现出特殊的情调。黄白色光源因为光色偏黄，所以相对昏暗一点，当照度过低时，容易造成人心理的郁闷感，使人产生焦躁情绪。因而在使用中应根据不同的视场要求，选择适度的照度水平，把握好塑造温馨气氛的合理照度尺度。尤其是用作重点照明时，更要适当提高照度，凸显效果。例如，明亮的暖白色光源可以令餐桌上的菜品富有光泽、更显鲜嫩，能提高菜品的观感效果，调动用餐者的食欲（图 3-27）。

图 3-27　餐厅温馨的暖色光源

73

（三）彩色的情感丰富多彩

除了白光、黄白光之外，随着色温的升高和降低，光源色呈现出不同的色彩倾向。即使这些彩色光源的显色性差，无法满足正常照明的要求，但它们仍然拥有色彩的特性，因此在特定的功能空间中，它们是不可少的营造氛围的工具。

彩色光源通常不作为主照明之用，而且其使用环境大多采用照度较低的主光源，因而更能显现出彩色光源特有的情感特征。例如，粉色光环境充满浪漫与温情，将人引领到梦幻世界，使人感觉轻松而又略有心潮涌动之感，是情侣约会场所理想的装点光源色；紫色光环境弥漫着高贵、幽静，而又略带几分神秘，可以为咖啡厅、酒吧等休闲空间增添高雅之感和宁静的气息（图 3-28）；蓝色光源宁静、清凉，透射着丝丝爽朗和冷峻的气质，是制造理性氛围的绝佳光源；红色光源热烈、奔放，是调动情绪的理想光源色彩。

图 3-28　酒吧紫色光的神秘

第四章　室内照明设计策略

本章围绕着室内照明设计策略进行论述，依次对光效控制、自然光设计策略、人工光设计策略进行分析，旨在使读者对室内照明设计有更进一步的了解。

第一节　光效控制策略

人们通过视觉系统从环境中获取大量信息，但是视觉的有效性则以光的存在为基础。光不仅作为一种能量为人们所熟悉，而且是塑造空间和物品艺术性的重要媒介，值得设计师一探究竟。

本节所探讨的是在满足照亮环境的基本功能之外，设计师如何挖掘光在艺术层面的价值，并且学习如何塑造不同的光效。

一、光与形

一些人觉得光是没有形状的，一些人觉得光是有形状的，对于专业的光环境的设计师来说，讨论是否有没有形状是次要的，首要的是控制出光的形态。

长期而来，对光来说，始终被当成无形态的元素，但因设计者在连续的创作实操的过程中，慢慢地发现了某些技巧，一般常见的利用光的方法有以下几种。

（一）利用有镂空图形的界面塑造光的形态

这种方式使用得最为普遍，其优点是易于控制光的形态，可以制作图案精细的光斑。在墙面上挖出镂空的小洞或者不规则的小短线，使光从墙里透

出来，就形成圆形或不规则线性光斑。如图 4-1 所示，白色细长光带将建筑
立面切分成"十"字，线条简洁有力，光从"十"字镂空透进来宛如十字架，
正与教堂的宗教感契合。

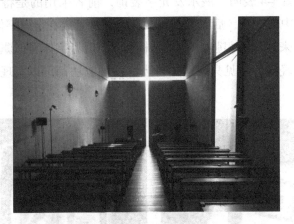

图 4-1　光之教堂

（二）利用灯具的形态塑造光的形态

设计师经常采用 LED 灯、光纤或柔性霓虹灯等材料来制作各种形状的发
光装置，优点在于制作方便，而且不会受到建筑结构的限制。它的限制在于
只能按照灯具的形态来设计，通常以点和线条的艺术形式呈现。图 4-2 表明，
光纤和柔性霓虹灯主要呈现线的状态；LED 灯可以是点状，也可以制作成管
状。由此，利用灯具可以塑造出较为丰富的光的形态。

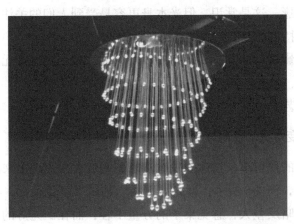

图 4-2　线状的光纤灯

（三）将光源放在能透光的形体之中来塑造光的形态

顶棚线形照明装置，就是将光源置入半透明模型之中而制作成的。

图 4-3 和图 4-4 表明，展示发光字装饰，前者采用的是将光源放在能透光的塑料灯箱中的方法，后者是利用柔性霓虹灯管放在金属字体背后的方法，前者招牌看起来体积感很强，字体清晰醒目，后者字体看似飘浮在一片光斑上，显得比较轻盈。可见只要运用得当，每种方法都可以实现出独特的艺术效果。

图 4-3　灯箱字体积感强　　　　　图 4-4　轻盈的背光字

二、光与影

有光才有影，这是常识。但光本身更容易受到人们的关注，而影常常被忽略，只有在特定环境下人们才意识到影的美。

但是光与影之间的美感大多是相得益彰的，光的形态等元素对影的形态有着很大影响，且有着强大的艺术呈现力。

塑造影的艺术表现力，可以采取以下几种方式。

（一）改变灯具的照明方式

在聚光灯的照射下，物体的轮廓清晰、密度大，表现出来的厚重感使人感觉更为庄严，图 4-5 所示，聚光灯下桌子的投影颜色很深，桌子的受光面和背光面的明暗反差大，感觉桌子的分量不轻；而在泛光灯的照射下，物体的轮廓柔和，由于光线从不同角度照射，投影的密度较小，物体的细节很清楚，给人留下透彻的印象；图4-6表明，几乎看不见餐椅的投影，给人感觉更加轻盈。

图4-5 聚光灯下沙发更具重量感

图4-6 泛光灯下桌椅更具轻盈感

因此，当搭配比较重、体积感比较大的物品时，一般都是采用聚光灯，因为这样投影能够更有效地强化物品的体积感；而在突出比较硬和需要细化的物品时，一般都采用多个聚光灯，例如服装店通常在天花板上安置很多聚光灯，类似于手术台上的无影灯，基本上去除了屋内物品的影子。归根结底，采用多个聚光灯或泛光灯是想要去除物品的射影，减少影子的稠密感，让物品更透彻，呈现出更细节的部分。

（二）改变照射角度

大角度照射产生的投影形状较长，可以超过物体本身的面积，使人注重影子的形态，并将其形态作为空间的中心，图 4-7 表明，利用大角度投射可以使装置的影子成为艺术表达的中心。小角度照射产生的投影紧缩成一团，使人的目光集中于物体上，如图 4-8 所示，射灯位于酒吧桌面正上方，方形桌面非常亮，而桌腿隐藏于浓重的投影中，其细节难以辨认，变成桌面的背景。

图 4-7　大角度投射使影子形态成为艺术表达中心

图 4-8　射灯突出了桌面

（三）改变物体或投影面的质地

在粗糙投影面上的影子形状模糊（见图 4-9）；在投射到光滑的表面上时，影子则表现出清晰的形态（见图 4-10）。半透明物体所产生的影子感觉轻盈飘逸，而不透明物体所产生的影子则更加实在、质感更强。

设计师可以根据空间和物体的特点选择一种或多种表现方式，这样就能创造出惊人的光影效果。

图 4-9 粗糙面上的影子形态模糊

图 4-10 光滑面上的影子形态清晰

三、光与立体感

光环境中物体的背光面、受光面和投影之间的明暗比值影响着物体的立体感。

如果明暗比值比较大，物体的立体感就会较强；如果明暗比值比较小，物体的立体感就会很弱，给人近乎平面的感觉。由此可见，物体想要拥有立体感，就必须要有光，在无光的环境中，物体想要保持立体感是不可能的。

在光环境的设计中，设计师不管是用光去除物体的立体感还是保持物体的立体感，只要可以实现设计的初衷，哪种做法都是没问题的。一般情况下，变换光环境中物体的立体感可采用以下方式。

（一）改变物体周围光源的位置

假如光源分布在不同地方或集中在一点，均不能完美地呈现出物体的立体感。那么要想打造出新的物体形态，则需要改变光源的方位，考虑所照物体的形态和质地。图 4-11 表明，平滑的立面充满了立体感是因为朝下的漫反射光。图 4-12 表明，因为投光灯朝上的照明方向让墙面模型有了立体感，所以物体形成的立体感比较弱，且光效比较奇怪，但是设计师要的就是这种成效——创造奇特而深奥的环境。恰恰相反的是，石膏雕塑是展览的物品如果是石膏雕塑，光源在石膏雕塑的右上方时，才可以展现出石膏雕塑的严肃。

图 4-11　向下的光使浮雕更具立体感

图 4-12　向上的光营造诡异感

（二）调整各个方向光源的照度比值

调整各个方向光源的照度比值说的是变换辅助光的照度、环境的照度和作业面的照度，它的进程可以用画一张黑白素描来比喻。比如，将受光面与辅助光的照度比变换到 4∶1，再将环境的照度变换到受光面照度的 30%，可以极大地强化物体的立体感。图 4-13 表明，当重点照明与环境照明比是 4∶1时，展品立体感就会得到强化；而展台上的物品，因为无重点照明，只有环境照明，导致人们分不清物体的受光面、背光面，影响对展品的观察。

图 4-13 墙面展品和展台物体的对比

（三）调整空间中光源的数量

在展馆中，为了呈现出展品的最好形态，灯具的摆放都特别巧妙，与此同时，为了表现出展品的立体感，设计师常常采用改变灯具的数量来实现这个目的。

此外，在餐饮空间中，为了让人们在进餐过程中保持愉悦的情绪，设计师除了在餐桌上放置灯具，以照亮顾客的面部，还应在餐桌之间安排一些灯具，为顾客的面部提供辅助光，从而塑造出更有立体感的面部表情。

同样，在专卖店中，作为设计师，需要重视光线对顾客面部和身材的表现，因为每位顾客都渴望在展示自己时像橱窗里的模特一样完美，如果因为光线设计不当，造成顾客从镜子里看到的自己没有想象中好看，消费热情自然会降低。把顾客塑造成立体展品的设想，自然地将光作为一种隐性的促销策略。

四、光与色

下面从审美的角度，探讨如何塑造光的色彩。

（一）直接应用彩色光源（如 LED 灯、彩色荧光灯）

如图 4-14 所示，这间小公寓在不同分区设置不同颜色的 LED 灯，创造了童话般的空间；如 4-15 所示，该商场全部采用 LED 灯具，每时每刻光的颜色都在变化，且不同色彩之间过渡自然，光线柔和。

图 4-14　彩色光源创造的奇幻公寓空间

图 4-15　渐变且变化的灯光

（二）用彩色透明或半透明材料制作的发光体

将光源安装在彩色能透光的材料后面，如 4-16 所示，立柱立面由磨砂塑料板制成，里面安装荧光灯管，最终呈现绿色和红色发光块，地台上的黄色发光带如法炮制。

图 4-16　彩色透光材料制作的发光体

（三）在灯具上添加变色滤镜使光源发出彩色光

图 4-17 中是受年轻人青睐的氛围灯——日落灯。一台射灯能够发出渐变的颜色，上方的深蓝色渐变至下方的暖橘色，宛如黄昏的天空。实现这个效果的方法其实很简单，设计师只要给射灯上添加带颜色的滤镜就能够获得这种落日余晖般的效果。

图 4-17　日落灯

五、光与材料

不同材料在同样的光环境中，可以呈现不同的视觉效果，这是一般常识。作为专业的设计师，应该思考如何通过不同的材料呈现各种视觉效果。

首先，要了解材料的特性、纹理和表面的粗糙程度。尝试使用多个角度照明，达到纹理清晰、表面粗糙的材料的理想照射效果。

以纸张的照明为例，利用垂直向下的直射光，容易凸显纸张层层叠叠的纹理，如果换成水平方向的直射光，则看不出纸张的纹理。

对于纹理粗糙的墙面，在小角度直射光的掠射下，可以充分表现其凹凸起伏的颗粒感，如果换成照度角度与墙面垂直的射灯，则削弱了其粗糙的肌理效果。

图 4-18 表明，近处粗糙的砖墙和远处光滑的白墙，由于其材质表面的粗糙程度不同，虽然处于同样照明条件下，但是质感全然不同。

图 4-18　砖墙和普通白墙的质感不同

其次，要了解材料的反射系数。反射系数高的材料，如金属、玻璃等，在有直射光的情况下，很容易产生刺眼的光线。因此，应该尽可能地避免使用这样的材料搭配直射光（见表 4-1）。

表 4-1　不同材料的反射系数

材料名称	反射比（%）
铝材（拉毛表面）	55～58
铝材（蚀刻表面）	58～70
铝材（抛光表面）	60～70
不锈钢	50～60
砖块（红色）	35～40
水泥（灰色）	20～30
石膏（白色）	90～92

材料名称	反射比（%）
砂岩	20～40
彩色玻璃	5～10
透明玻璃	5～10
反射玻璃	20～30
桦木	35～50
橡木（深色）	10～15
橡木（浅色）	25～35
牛皮纸	25～35
黑纸	5～10
油漆（黑色）	3～5
油漆（灰色）	35～43
油漆（红色）	15～22
油漆（蓝色）	28～35
油漆（绿色）	36～46
油漆（黄色）	56～65

同样使用铝材，使用拉毛铝板，反射系数约为55，而使用抛光铝板，反射系数则约为65，经照射后，由于后者容易产生眩光，所以应使用漫反射光。前者则使用聚光灯，既能表现其金属质感又不会产生眩光。

同样是在荧光灯照射下的雕塑，由于材料的反射系数不同，桦木雕塑不必担心眩光问题，白石膏雕塑则容易产生眩光，因此在选择材料和照明方式时，应在了解材料的反射系数后，再作决定。

六、光的动态效果

人们通常都有过这样的经历，将运动与静止的物体对比可以发现人们很轻易地就被运动着的物体吸引目光，因此在这个进程之中，目光总是先被激烈运动的物体吸引，之后再慢慢地变到静止的物体上。一些心理学家对这个现象的出现有着这样的理解：当在一个充满动态的光环境中，视觉感官就会变得活跃，使自己保持在推断和分辨的动态中。

设计师正是利用视觉的这一特性，在室内空间中，通过设置动态的光来引起人们的注意。

如果希望在同样的室内空间中，体验到不同的光环境，设计师可以通过以下 3 种方式来制造光的动态效果（见图 4-19）。

① 改变灯具的方向，形成运动的光线，例如运动中的投影灯、舞池中的灯球。如利用动态投影灯，将图案投射到幕布或墙面上，图案跟随灯头的运动而变换方向。

② 通过显示屏、投影屏、触摸屏的发光表面展现动态的图像。如利用触摸液晶屏展示动态的影像，吸引观众。又如利用投影设备将动态影像投射到幕布或墙面上，在博物馆、商业展会上常常运用这种方式来制作动态光效。

③ 通过电脑程序，控制 LED 光源的色彩与明暗变化，形成动态光效。

图 4-19　舞台旋转灯球、展厅互动投影形成动态光效

第二节　自然光设计策略

一、自然光设计的意义

在某些城市之中，会出现这样的现象，一些商场、办公楼不论是白天还是晚上，一直都是灯火璀璨。但是这种依靠人工来进行通风、调节温度的现代建筑物，会让在里面的人们有一种现代建筑综合征（SBS）。"高楼综合征：

又称现代建筑综合征。置身于现代化封闭式大楼里工作的人，常可出现头痛、困倦、咳嗽、皮肤瘙痒、眼睛不适等症状。"[①] 如果人们长时间没有受到日光的照耀，就会加深这种综合征。所以天然日光对人们的生活、身心有着非常重要的影响，不可小觑。

（一）重视自然光设计有利于人的心理健康

自然光照明的历史和建筑本身一样悠久，但随着方便、高效的电灯产出，人们对自然光似乎不再像以前那么依赖了。然而，实际情况并非如此。多项研究表明自然光对人体和心理健康发挥着重要作用。

研究之一：1971 年的一项研究，英国科学家对一家 24 小时运转的电力公司的员工进行了调查，得出结论为长时间暴露于单调的电灯照明下会降低敏感度，并影响工作效率。

研究之二：1995 年，美国加利福尼亚州首府萨克拉曼多的马洪工作室做了一项调查，在超市中，位于天窗下、靠自然光照明的收银台比其他位置的多收入 40%。[②]

研究之三：在 1998 年和 2002 年，马洪工作室又做了另一项调查，分别对两万名来自加利福尼亚州、科罗拉多州和马萨诸塞州的学生进行了调查，结果发现在充分采光的教室里，学生考数学和阅读的成绩比采光不充分教室的分别高出 20% 和 26%。[③]

人工光可以满足人类的采光需要，但满足不了人类的心理需求，如清晨当你起床时，透过玻璃窗，感受阳光的温度，连心也跟着温暖起来。

科学家进一步解释：人工光主要由位于红色光区域的长波光线构成，自然光主要由较短波长的蓝色光构成。研究显示，人体的生物钟倾向于接受蓝色光谱的短波光线，因为这种光线可以制止天然荷尔蒙褪黑激素的生成，同时促进荷尔蒙的分泌。双重功效能够增强人们的反应能力，所以自然光能弥补人工光中缺失的那部分功能。

千百年来，人类从未停止过对自身的研究，发展科技的目的也是给人类提供更适宜的生存环境。因此，在不同的科学研究领域，对人的心理因素的研究不容忽视，在光环境研究领域也是如此。

---

① 魏兰英、甲丁：《防病与用药技巧》，京华出版社 1998 年版，第 13 页。
② 彭鹏：《公共建筑昼光照明能耗特性的研究》，重庆大学 2006 年硕士学位论文。
③ 同上。

重视自然光设计，就是对人类生存状态的尊重。正如约尔舒·拉伍兰德教授所说："人们喜欢了解外面正在发生什么，哪怕仅仅只是看看天气如何或估计一下时间。"

因此，当我们知道人们在自然采光的房间生活工作会更健康、更有效率时，剩下要做的就是把这些原理应用于设计实践中。

（二）重视自然光设计有利于节约能源

早在20世纪70年代末，许多的经济学家、科学家和环保主义者就建议：如果城市的建筑减少对人工照明的依赖，就能极大地降低对能源的需求和消耗，就会降低每个人的生存成本。但这只是忠告，在当时还未引起政府和大众的关注。

现在，不用说，全球气候异常现象的频繁出现和金融海啸的剧烈程度，已完全反映出能源问题已成为全球性的重大问题。更值得注意的是，每一个人都与此问题关系密切，因此每一个人都有义务关注自然光照明，实践绿色照明。

目前，在纽约，有许多建筑学家心甘情愿地在一个非营利性研究中心兼职，这个实验室致力于帮助在其建筑中最大限度地利用自然光照明，目的是研究、宣扬和推广自然光照明。他们正专注于探究自然光在建筑照明中的有效作用，积极倡导在建筑照明中使用日光。相信在不久的将来，中国也会出现这样一批建筑师、照明设计研究者、室内设计师，潜心研究日光与人居空间之间的关系。

二、自然光的构成

有价值的自然光是白天的昼光，昼光由直射光和天空光组成。

太阳辐射的能量包括直接通过大气到达地表的直射光和在大气中散射之后从天空到达地表的天空光，前者数量较多，被称为"日照"。日照除了能提供光和热之外，还有保健和干燥的作用。

三、自然光设计的特点

当一个建筑师规划一个建筑时，就大概掌握了自然万物与建筑物之间的密切联系。选用方案前，必须做好功课，对自然光展开一个详细的了解。

（一）时间因素

白天光的亮度和照射角度从早上到薄暮随着季节的变换而不同，它不是一个始终不变的数值。

采光系数是用百分数来表示的，例如，在布满云的天空下采光系数是2%，照度是100lx。不同区域的采光系数不一样；尽管采光系数是一样的，某点的照度也会随天空亮度的变化而不同。所以，要想得到室内准确的昼光亮度，对设计师来说，最佳的办法就是做出室内的缩尺形状，然后采用精巧的仪器在实际场所中来测试内部的采光系数值。

（二）朝向因素

朝向因素应该掌握所在区域在该季节之中太阳挪动的路径，还要保障室内有充足的阳光，与此同时还需避免眩光。朝向不一样的房屋，它们避免眩光的规划不一样。通常情况下，在朝向是东南的屋里，因为直射光的射入比较密，易出现眩光的现象，这种就需要装置反光板来制止光线进入人眼中；在朝向是西北的房间里，因为午后直射的阳光比较密，入射角的角度又较低，窗上的百叶板要尽可能笔直。除此之外，南面与北面还应该设计尺寸不一样的窗户，来满足人们的不同需求。图4-20表明，利用分布图和窗户的大小就可以得出这个房间的朝向，这是设计师在考虑采光与居住的关系后的结果。朝北的窗户会比朝南房间的窗户稍小点，在北方，因天气较寒冷，会以此方法来避免热气快速地挥发。

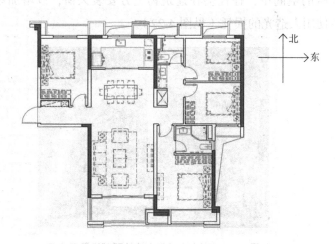

图4-20 北方住宅南北朝向窗户大小不同

89

（三）窗户的特点

窗户是保障室内采光好坏的关键因素（见图4-21），所以在窗户尺寸的设计上要慎重考虑。从以往的经验上取得一个重要参考数值，在当下能用精确的模型和准确的仪器来计算出场地需要的亮度，之后再利用计算机构建出一个房间，并计算出满足这个房间窗户数据，并考虑在房间里照度受不同方位窗户的影响情况。

图4-21　因阅读需求，图书馆采取大窗户

（四）采光方式

观察各类建筑，可以发现它们的采光方式可以归纳为五种基本形式：坡型、L型、U型、柱型、线型。这些形式会结合在一起构成建筑空间的采光方案。

在宽敞的空间中，往往会在建筑物上方安装天窗，以增加室内的日照范围，减少使用人造光的损耗（见图4-22）。

图4-22　高大空间常在建筑顶部设置采光口

只有根据建筑物的形状和房间的特点选择适当的天光采光方式，才能处理空间采光不足的问题。

在规划室内采光设计策略时，必须考虑到时间、朝向、窗户特点和采光方式四个方面的作用，以获得室内直射光斑和阴影的理想状态。此外，不可或缺的基础工作还有现场勘察。

四、控制自然光的策略

自然光的设计，并非简单地增加窗户数量和面积，设计师所考虑的是如何控制进入室内的自然光，设法让光线均匀四散，以平衡室内的整体采光。只有在设计师了解每一种控制自然光的设计方法之后，面对具体设计项目时，才能保证自然光设计方案的有效性和合理性。

（一）窗户设计

1. 常见窗户的类型

常见窗户的类型如表 4-2 所示。

表 4-2　常见的窗户类型

编号	名称	特征
1	凸窗	平面图呈三边形或多边形，自地面起就向立面外凸出，通常延伸到上楼层或上面的几个楼层，是现代住宅中常见的窗户类型
2	窗墙、落地窗	由两个窗扇组成，从屋顶直落地面，像两扇门一样开闭。17 世纪 80 年代最早在法国凡尔赛使用
3	水平窗、芝加哥窗	大于开间总宽度的窗户，中间有一块固定的大玻璃，两边各有一个较小的窗扇，为 19 世纪和 20 世纪交替时芝加哥的开创性建筑，如路易斯·沙利文（Louis Sullivan）的建筑特征。
4	十字窗	被一根直棂和一根横档分成几格的窗户。常见于 17 世纪晚期建筑
5	屋顶窗	斜屋顶之上、有自己的屋顶的窗户
6	竖铰链窗	垂直地分成几个部分或几个窗扇，整个窗扇以铰链为轴开合
7	耶西窗	中世纪时期的一种窗户，设计成耶西树的形状
8	尖顶拱窗	一种又高又窄的窗户，上部冠有一尖顶拱 (ARCH)。见于哥特式建筑，特别是 13 世纪的哥特式建筑
9	玫瑰圆窗	一种圆形窗、窗花格从中央向外辐射，与边框上的叶饰尖头相交，形成的图案像玫瑰花瓣
10	轮形窗	一种早期形式的玫瑰圆窗。直极为轮辐状的柱子，并带有柱基和柱头

续表

编号	名称	特征
11	三尊窗	由三个取光窗洞组成的窗户，中间的窗洞高于边上的两个，上面呈拱形
12	窗扇	横地平分为两部分，两边的槽可上下推拉的窗户。这一设计在17世纪首次运用于窗户上

2. 窗的面积和开窗的位置

窗的面积设计依据来自两个层面：第一，不同类型的室内空间所需要的采光系数不同，例如学校教室的采光系数最低值不应低于1.5%，工作区域的采光系数不得低于2%，居室的采光系数2%刚刚好。所以在设计时，应查阅建筑采光标准；第二，根据使用者的特殊需求制定设计策略，例如心理治疗中心的窗户位置与运动场所的窗户位置肯定有所不同，前者应避免直射阳光引起的眩光对病人的刺激，后者则需要大面积的玻璃窗来营造明亮和舒适的氛围。

开窗位置不同，直接影响空间采光的均匀度（见图4-23）。即便同样面积的窗，开在室内的不同高度和方位，得到的采光效果也截然不同。同样的空间，不同面积、不同位置的窗户，光线的分布截然不同。建议设计之初，应对所设计的空间进行比较和分析，选择适合的窗户设计方案。

图4-23　室内篮球场空间大，开窗位置高，增加室内深入采光

3. 窗户的材料

目前建筑中常见的窗户材料有透明玻璃、吸热玻璃、反光玻璃和低辐射玻璃。

透明玻璃是生活中最常见的窗户玻璃，特点是透光性好，但是不能有效减少室外热量。吸热玻璃的机理是通过吸收阳光中的短波辐射，以减少进入室内的热量。但值得注意的是，当傍晚室外温度下降时，它会把室内的热量重新反射回室内空间。因为，一天中傍晚时候室内设备和人体散发的热量达到最大值，因此吸热玻璃所吸收的热量甚至会比透明玻璃更多。随后，研究人员发现在吸热玻璃上涂一层色彩，如棕色、灰色或绿色，可以有效地减少长波光线投射的数量，但是有色吸热玻璃同时降低了室内的亮度，所以不得不通过增加窗户的面积，以获得更多的自然光线。但是因为使用有色玻璃看室外环境，会对人的心理健康产生影响，所以有色吸热玻璃只在 20 世纪 70 年代非常流行，现在的建筑上很少见到这种玻璃。

反光玻璃不仅可以减少室内光线，还不会像吸热玻璃一样影响视觉。但值得留意的是，该种玻璃虽然可以减少短波进入房间，但也会阻挡部分长波进入。换言之，这种玻璃消除了多余的热量，但是也失去了高质量的自然光。这类玻璃适用于不希望有额外热量进入室内又不能安装室外遮阳装置的窗户。

低辐射玻璃中有一层薄膜，其光线的透射比率高于热量的透射比率，它可以把室内的热量反射回去，减少热量散发（见图 4-24）。

图 4-24　写字楼一般采用低辐射玻璃

除去以上几种常见的玻璃外，还有一些新研发的窗户材料，如"智能"玻璃窗，将双层或三层高质量的透明或低辐射玻璃结合在一起，并结合易于控制的遮阳设备，根据需要进行调节，可以更好地为人们提供自然光。

（二）遮阳方式设计

固定遮阳方式：水平且稳固的遮阳设置，如屋檐等，虽可以有效地遮挡南边的窗户，但仅限于太阳方位角在 8° 以下的情况。由于太阳角度较低，东面和西面的窗户需要相应的竖直遮阳措施。

移动式遮阳方法：在这种方法中，遮阳装置随着室外光线的变换而自动调整，充分利用太阳能和阳光的同时，有效地防止刺目的强光和过度的热量。另外，在冬季时，可以将遮阳装置关闭，以增加热量的获取。

因此室外遮阳装置优于固定遮阳装置。而室内遮阳装置如百叶窗也可以阻止阳光进入室内，不过最好是选择表层带反光涂料的百叶窗或窗帘，降低室内温度的效果更显著（见图 4-25）。

图 4-25　伸缩遮阳棚和百叶窗

植被遮阳方式：以环境为考量，最优的遮阳方式是使用植被进行遮阳。在夏季，落叶植物可以充分地阻挡阳光；而在冬季，这些植物将叶子脱落，从而使得室外阳光能够充分进入室内。

总体而言，在过去，人们更多地选择固定遮阳方式，原因是成本低、维护方便，但是从使用效率的角度来看，除了南面外，在其他立面上，可移动遮阳装置的功效都比固定遮阳装置要高，可以获得更优质的自然光，同时能有效地获取热量和节约能源。

（三）反光装置设计

利用光线的反射特点，在建筑外或室内设计反光装置，可以有效地提高室内自然光的照度和均匀度。设计师可以参考以下几种反光板的设计形式。

① 利用涂有反射涂料的反光格片。

②利用棱镜玻璃改变光线方向，调整室内光线。

③利用雨罩、阳台或地面的反射光。

④利用固定的或移动的调光板调整室内光线。

⑤利用窗户对面的建筑提供的反射光。

⑥利用反射板增加室内照度。

（四）导光管设计

可以通过在建筑内外设置透镜和反光镜来利用光的反射和折射特性，引入更多自然光线。

导光管装置特别适用于那些开窗困难的高大空间、禁止出现直射阳光或者藏于地下的建筑空间（见图4-26）。其建设成本和维护费用高于前面几种控制光线的方法。

图4-26　山东大学体育馆采用导光管采光系统

五、自然光设计程序

策划一个较为系统与完整的采光设计方案，首先，要到现场实测照度，考察此空间的方位、窗户朝向、窗外的景观；其次，在分析这些基本信息之后，提出初步采光方案，确定窗户的位置和面积；最后，在借助模型预测之后，调整窗的位置与大小，如果还未达到理想效果，可以利用照明设计软件模拟，选择合适的遮阳装置控制直射光，防止眩光的产生。至此，自然光设计方案完成，开始进入人工光设计程序。

六、优秀自然光设计案例

（一）案例一

名称：卡诺瓦博物馆（Museo Canova）扩建。

地点：意大利，波萨格诺。

设计师：卡洛·斯卡帕（Carlo Scarpa）。

设计理念：卡诺瓦博物馆（Museo Canova）始建于 1836 年，由建筑师弗朗西斯科·拉扎里（Francesco Lazzari）设计，收藏着安东尼·卡诺瓦（Antonio Canova）的原始石膏雕塑模型。斯卡帕接受威尼斯艺术监督办委托于 1957 年为博物馆扩建了侧展厅，将现代设计与古典艺术的卡诺瓦雕塑融为一体。

斯卡帕定义了一种新的博物馆布局理念，流畅自由，参观者目光被自然光所吸引，被永恒的魅力所笼罩。他切割非物质化的体量，成功地创造了一个与原有的旧建筑和周围景观相协调的建筑。

从老博物馆到新博物馆之间的高差，通过用一段踏步的方式解决。新老博物馆之间的连接处亦留出缝隙，并且引入天光，完成新老博物馆之间的完美过渡且和谐成统一体（见图 4-27）。

图 4-27　新老博物馆连接处缝隙引入的天光

平面相对开阔的一端有个高起来的方形空间。斯卡帕将顶部四个角全部打开，角窗切开了立方体的一角，以使光线从上方穿透，并反射到白墙上。斯卡帕意在此空间中"留下蓝天的一角"，并为展陈区域带来充足而特别的光线，沿街方向的两个角窗为墙面带来线性的光影，另一方向的两个角窗则提供从天花板到地面全域的漫射光（见图 4-28 和图 4-29）。

不同的开窗形式，从入射方向、强度、色彩等来调节和控制自然光线带给展品的效果，以弥补石膏像的无定形性，将光的特性应用到了极致。这样的洞口为空间亦带来升腾的感觉，契合卡诺瓦雕塑的主题。

图 4-28 角窗切开了立方体的一角

图 4-29 在建筑外看角窗

（二）案例二

名称：纽约大学哲学系建筑室内改建。

地点：美国，纽约市华盛顿五区。

设计师：斯蒂文·霍尔（Steven Holl）。

设计理念：由于设计师从光的层面开始思考这座建筑的改建方案，设计师给这次的改建项目起了一个浪漫的名字——"楼梯间的彩虹"。使这栋哲学系大楼内的楼梯间，真实存在一道不虚幻的"彩虹"。

霍尔是位深谙哲学的建筑师，他在读完路德维希·维特根斯坦（Ludwing Wittgenstein）的《论色彩》这本书后，萌生了为这幢哲学系的大楼创造出在天然的色彩下思考哲学的想法。因此，霍尔设计了一种独特的楼梯，在室内融入了空洞表皮和可折叠的元素，成为建筑的核心元素。每个穿过楼梯的学生都可以感受到霍尔对自然的思考（见图4-30）。

图 4-30　带有空洞表皮的、似乎可以折叠的楼梯

如图 4-31 所示，所有楼梯间的墙壁都漆成了白色，极好地展现了光影效果。为了增添自然色彩，建筑师在窗户上安装了菱形导光管，当直射光通过导光管时，楼梯间的墙面上呈现出美丽的"彩虹"。这些"彩虹"因时节和时间的不同而产生变化，墙上的"彩虹"大小和位置也会发生变化。

图 4-31　纯白色的楼梯间和墙上"彩虹"

每一块面板都是霍尔用心规划的。他做了多个大尺寸的模具，用激光切割出不同的形状，进行光线试验，以确保自然光线顺利地进入室内，并形成独特的阴影和重叠效果（见图 4-32 和 4-33）。

图 4-32　近看墙面上的孔洞

图 4-33　大面积直射光与空洞的光影丰富了室内的光线

第三节　人工光设计策略

一、人工光照明设计的主要任务

（一）功能性人工光照明设计的主要任务

① 确保室内空间有足够的明亮度，以方便人们快速、高效地获取信息。

② 减少光污染的影响，维护人类的身心健康。

③ 尽量避免任何可能产生眩光的形式。

④ 节约能源，选择高效、节能、适用的光源。

⑤ 灯具设计不能过于突兀，灯具外形设计要与建筑空间相匹配。

功能性人工光照明实例如图 4-34。

图 4-34　间接照明灯箱提供基础照明

（二）氛围性人工光照明设计的主要任务

① 有助于促进人与人之间的交流互动。

② 创造一个令人感到舒适和宜人的光线环境。

③ 满足人们美学方面的需求。

④ 减轻人们的紧张感，让心情变得轻松愉悦。

氛围性人工光照明实例如图 4-35。

图 4-35 氛围感照明营造艺术感

二、人工光照明设计程序

一般而言，人工光照明的设计分为四个过程，包括方案设计、施工图设计、安装和监督以及维护和管理。

总体来看，这四个阶段必须按照固定的次序进行，但在每个阶段内可能会有一些重复的小步骤。在实际工程中，这种反复推敲、论证、修改的现象再平常不过，另外，各个小环节的设计工作做得越充足，越能体现设计者的创新能力、整合资源能力、管理能力，越能使各个阶段的工作进行顺利。

（一）方案设计阶段

在方案设计阶段，设计师通过以下三种途径推进设计工作。

途径一：绘制概念设计草图，包括建筑立面草图、剖立面草图、彩色空间草图等形式。通过这样的方式，帮助设计师确定照明方式、光线的分布形式、灯具与空间之间的关系。

途径二：制作等比例缩小的空间模型，用来观察建筑空间的自然采光特点。

途径三：利用照明设计软件模拟照明效果，鉴于利用绘画的方式表现光有一定的局限性，设计师可以借助计算机将想象中的照明效果表现出来，而且可以精确计算出光源的亮度、数量和位置。目前，国际上常用的照明设计软件包括 AGi32、DIALux、LIGHT STAR、Lumen、Autolux、Inspire 等。

表 4-3 为照明方案设计步骤表。

表4-3 照明方案设计步骤

设计步骤		内容	参考途径
照明方案设计	考察空间	明确空间的性质和使用目的	现场拍摄或模型模拟
	照明方式	确定照明方式和光在空间中分布形式	手绘草图
	选择光源	确定照度，确定光色效果	手绘草图或计算机模拟
	选择灯具	专门设计艺术型灯具，选择通用型灯具	市场调查
	照度计算	平均照度计算和直射照度计算	手动或照明设计软件

在此阶段设计师应注意以下几点。

第一，因为不同类型的空间对照度的要求不同，如果在考察空间阶段对空间的规模和功能性质了如指掌，后面就能事半功倍。例如，办公区的照度范围是1001x～2001x，而工作台的照度要求更高，在1501x～001x之间。

第二，考察建筑或空间的硬件环境。例如窗户的位置、电箱的位置、最大用电瓦数、吊顶的高度等客观条件。

第三，协调自然采光与人工光的关系。如果室内白天自然采光不够，需要补充人工光。在开始进行人工照明设计时，设计师应已经完成对自然光设计方案。设计方案应从舒适角度和节能角度出发，重视对建筑空间中自然光的利用。

第四，考虑背景亮度和被照物体亮度之比。

第五，考虑所选灯具的热辐射对周围物体的影响和室温影响。

第六，在考虑照明方式时，应选择合适的照明方法防止眩光。

（二）施工图设计阶段

在绘制灯位图之后，设计师应拟定灯具采购表（见表4-4和表4-5）。

表4-4 施工图设计步骤

设计步骤		内容
施工图设计	确定光源位置	绘制灯位图
	确定灯具	列出灯具采购表
	确定配电系统	确定电压
		确定配电盘分布
		确定电线种类
		确定布线网络和铺设方法

表4-5　灯具采购表

序号	品种	数量	单位	单价	合计	备注
1	牛眼射灯	5	套	—	—	50W
2	荧光灯带	10	套	—	—	25W
3	LED 灯带	20	套	—	—	8.8W
4	LED 灯调光控制台	1	套	—	—	—
5	节能吸顶灯	4	套	—	—	25W
6	回路控制箱	1	套	—	—	4 回路
7	线缆	300	米	—	—	多种线径
8	电器辅料	1	项	—	—	—

注：品种、数量、备注等具体内容根据实际情况确定。

绘制灯位图注意事项如下。

第一，在绘制灯位图时，尽可能在图纸上标出灯具的特性、控制线路和开关方式等。

第二，确定灯具的位置时，需要考虑与建筑墙体保持距离，同时也需要留意与吊顶中其他水暖电设备的位置关系。

第三，在制定灯具采购表时，要注明灯具的名称，图纸的编号，灯具的类型、功率、数量、型号、生产厂家等信息，因为这个表格除了便于采购灯具，更重要的是方便将来维修与管理。

（三）安装和监理阶段

安装和监理阶段的步骤如表4-6所示。

表4-6　安装和监理步骤

	设计步骤	内容
安装和监理	确定灯具安装方法	绘制灯具安装详图，包括安装的形式、材料和结构
	确定现场管理办法	绘制调光指示图

安装和监理设计注意事项如下。

第一，在绘制灯具安装详图时，以 1：5 或 1：10 的比例进行绘制，在图纸上标明所需要的光学控制技术、形状、尺寸和材料等信息，如果灯具与建筑发生关系，一定要在图纸上准确地反映灯具与建筑之间的关系。

第二，在绘制调光指示图之前，设计师和灯具安装人员应进行有效率的沟通。调光指示图的绘制非常有必要，这张图有利于设计师时常从整体上协调不同区域之间的照度关系。

第三，灯具安装人员一定要按照设计师的图纸与灯具清单来进行安装，如果有问题，可以在图纸上做标记，待设计师来修订。

第四，为确保最终的照明效果达到设计师的预想，设计师应在现场指挥调光。

第五，当设计师要改变照明图纸时，应该提前与电气工程师、建筑师以及现场监督施工的工程师进行商讨，以保证自己的照明设计构思能够变为现实。

（四）维护和管理阶段

维护和管理阶段的步骤如表4-7所示。

表4-7　维护和管理步骤

	设计步骤	内容
维护和管理	整理照明产品资料	包括灯具、线路、开关和配电箱的详细资料
	确定灯具维护办法	明确管理人员的任务和责任
	安全问题说明	制定防火、防水、防触电等安全措施
	经济问题说明	核定维护的固定费用、用于清洁和更换的费用

维护和管理阶段注意事项如下。

第一，制订维护计划是非常有必要的，因为一些通用型灯具的寿命可能因维护不当而缩短，造成资源浪费。

第二，在高大空间中的灯具维护起来需要特殊的升降设备，灯具维护人员不仅要清理好灯具，还要学习操作这些升降设备。

第三，制作一份维护和管理的费用清单，并交给管理者。

三、平均照度计算

用系数法可以计算出室内平均照度，这是一种常规的照度计算方法。如果我们已经有了利用系数（CU）的数据，那么可以通过使用一个经验公式来快速计算得到所需的室内工作面平均照度值。常用的一种求平均照度的计算方法被称为"流明系数法"，即利用系数法求平均照度。

在照度计算方面，有两种计算方法可供选择：粗略计算和精确计算。一般住宅的总体照明需要达到100lx，即使实际照度为90lx，对日常生活也不会造成显著影响。然而，如果是道路照明，情况就会有所不同。如果路面照度低于20lx，那么有可能增加交通事故发生的概率。商店也有同样的情况，比如商店最佳平均照明强度为500lx，若使用600lx的强度，就会增加照明灯具数量和用电量，进而加重经济成本。

我们可以利用一些常用的公式来大致估算地板、桌面等平均照度。这样我们就能根据光通量和面积来计算灯具照度：$lx=lm/m^2$，即平均1lx的照度，是1lm的光通量照射在$1m^2$面积上的亮度。

105

套用这种方法，可以求得房间地板面的平均照度，计算公式如下。

平均照度（Eav）＝单个灯具光通量 φ × 灯具数量（N）× 空间利用系数（CU）
× 维护系数（K）÷ 地板面积（长 × 宽）

公式说明：① 单个灯具的光通量、灯具数量、空间利用系数、维护系数以及地板面积。其中，单个灯具光通量 φ 指的是灯具中所有裸光源的总体光通量值。

② 空间利用率（CU）描述了在照明灯具所产生的光线直接照射在地板和工作台面上的百分比。因此，空间利用率与照明灯具的设计、安装高度、房间大小和反射率等因素有关，并且会影响照明水平。常见的灯盘通常用于高度约为3m左右的场所，利用系数可以选择在0.6至0.75之间。当空间高度为6～10m时，使用悬挂灯铝罩时，其利用系数的范围为0.7至0.45。当在3m左右的空间中使用筒灯类灯具时，其利用系数可取0.4至0.55之间。当在4m左右的空间使用像光带支架类的灯具时，可以采用利用系数在0.3至0.5之间的数值。这些数据仅供参考，不能作为准确数值的依据。如果需要计算精确数值，必须从公司方面获取相关的参数，并得到书面确认。

③ 随着照明灯具老化和使用时间增加，光源发生光衰，导致维护系数（K）随之降低。空间积累了灰尘，导致反射效率降低，因此灯具的照度降低，需要运用一个维护系数。一些干净整洁的场所，如客厅、卧室、办公室、教室、阅读室、医院等的维护系数为0.8；通常影剧院、机械加工车间、车站等地的

维护系数为 0.7；相对高污染指数的场所，其维护系数 K 约为 0.6。

四、人工光照明环境模拟设计

科学、精确的计算是优秀的照明设计所必需的，仅凭设计师的直觉和经验是不够的。

随着科技的进步，可以利用更多的技术来实现目标。特别是电脑模拟软件技术的进步，为自然光和人工光的设置提供了更重要的技术工具和数据参考。

在海外，已经存在许多成熟的专业照明计算软件，如 AGi32、DIALux、Light 等。这些专业软件的优势在于可以保证计算结果的准确性，并且支持使用各大灯具厂商的数据。但是，有些软件也存在一些缺点：例如不易使用的界面，或者复杂的数据导入路径，或者输出结果欠缺直观性等。例如，AGi 只有英文版，国内的部分设计师学起来比较困难。

在这些软件中，DIALux 软件易于学习和操作，对已会使用 CAD 的人而言，学习 DIALux 很容易，以下重点介绍 DIALux 照明软件的特点。

DIALux 是一款专业照明软件，由专业的照明软件设计公司 DIALGmbH 开发。该软件提供了整体照明系统的数据，并有效地减少了设计师和工程师分析照明数据所需的时间和精力。DIALux 可以精准地计算所需的光照水平，并且提供了全面的报告和 3D 模拟图。设计师可以通过充分利用软件的数据分析和模拟功能，提高照明设计的效率和准确性。

DIALux 软件使用了高精度的光度数据库和专业的算法，因此它所生成的计算结果与真实生产出的灯具效果十分相似。这样，设计师可以在计算机上模拟自己的设计，以便评估设计的准确性，并加强对设计方案的理性认识和直接的量化数据认识。

除了提供精细的数据结果外，DIALux 还可以生成逼真的照明模拟图像。

但是，没有一款软件能解决所有的设计问题，DIALux 软件也存在一定的缺点。DIALux 需要导入实体模型，相比之下 AGi32 不要实体模型也能运转。此外，AGi32 具有独特的日光研究功能（这是其他任何软件没有的特别功能），可以研究照明在不同日光照射（晴天、阴天、半晴半阴天）条件下对照明的各种详细影响，而且会动态和实时地在渲染时显示变化。但凡有实际项目经验的设计师都有过同样的体验：在晴天时，灯具的照度和亮度都很合适，可一到阴天，光线的亮度明显不足。如果使用 AGi32 的日光研究参数，设计师就可以计算和模拟在不同天气条件下的照度和亮度的效果，从而提出最理想的照明方案，因此，AGi 软件更适合建筑和景观照明使用。

五、照明设计制图

照明设计制图与室内空间的其他类型制图一样，按照室内制图规范，利用 AutoCAD 软件绘制照明设计图，每张照明设计施工图中必须包含以下几个方面的内容。

① 灯具的位置，应标注每个灯具与墙面之间的距离。

② 控制灯具的线路。

③ 灯具符号的注释图。

④ 控制灯具的开关，如单控、双控和多控。

六、优秀人工光设计案例

（一）案例一

案例名称：金卡默博物馆。

金卡默博物馆位于法兰克福市的一栋历史保护性建筑的地下空间内，乘坐电梯从前厅前往地下宝藏库，即可进入金色的世界。展厅主要由四种天然材料构成：黏土、青铜、大理石和石头。由于特殊的结构要求，设计了许多小型的展览空间。

通过精巧的灯光环境营造，整个空间看起来比实际更宽敞。隐藏条形灯模仿入射的日光，离散排布的聚光灯则营造了一个神秘、悬疑的空间氛围（见图 4-36）。

重点照明采用的是显色性极高的、色温偏暖白的 LED 轨道灯，可以完整呈现展品形象。壁挂式陈列柜配有微型射灯，在强调和突出展品的同时，可以避免眩光的产生（见图 4-37）。

图 4-36　环境照明　　　　　图 4-37　重点照明

这里还融入了来自柏林的媒体策划公司 ART+COM 设计的大量动画投影和视频。展厅的文字信息通过 18 个投影仪被投影在四周的墙壁上（见图 4-38）。沿着地面上的脉络缓慢前行，参观者就可在各个数字站点了解到有关珍贵金属的信息。

设计师采用了谦逊而突出重点的照明手段，用综合的灯光元素突出展品，体现了博物馆整体展陈方式的创新（见图 4-39）。

另外，在两层楼高的地上空间，设计师还研发了一款定制吊灯，引导参观者进入"AureusCafe"咖啡厅内稍作休息（见图 4-40）。

图 4-38　投影仪效果　　　图 4-39　综合的灯光　　　图 4-40　定制吊灯

（二）案例二

案例名称：Sektsia 健身房。

位于莫斯科的 Sektsia 健身房由厂房改造而成，因而保留了原本浓重的工业风。与本身工业的粗犷相似，室内的灯光多采用直接的照明方式，在上方设置大而明显的吊灯，充斥环境的明亮灯光让室内环境一目了然（见图4-41）。

旧墙上众多宽大的橱窗为日光提供了良好的输出环境，因而健身区的白天大多可以依靠自然光（见图4-42）。

　　图 4-41　大而明显的吊灯　　　　　图 4-42　大窗户日光充足

夜间的灯光设计则采用的是红色的灯光，与白天明亮而直接的效果不同，夜晚的红光为整个环境增添了神秘的色彩（见图4-43）。

而休息区、洗漱区则与接待区的神秘不同，但手法也很简单，纯色堆砌的墙面加上简单的射灯照明，让空间呈现一种纯粹的感觉（见图4-44）。

　　图 4-43　夜晚红色灯光　　　　　图 4-44　洗漱区射灯照明

（三）案例三

案例名称：上海历史博物馆。

项目位于上海市人民广场历史文化风貌区，是老上海地标性建筑之一，为上海市优秀历史建筑。改造在修旧如旧的原则下，对建筑悉心修缮，最大限度地再现了项目室内原有的建筑结构及装饰界面。室内灯光设计用光体现建筑本身的时代特色与细节，灯具隐藏并结合建筑进行设计，通过光与时空对话。

在入口门厅，通过艺术化大吊灯展现了浓厚的文艺气息，和原有建筑风格一致的小吊灯，突出了年代感和怀旧氛围，有很强的代入感，使观众快速融入历史文化的环境中。进入主展大厅，气势恢宏的"井"字形天花板，将磅礴深远的气度渲染得淋漓尽致（见图4-45）。

在多数公共空间中，都使用了均匀柔和的间接照明模式。如一层公共大厅顶部中间的天花板整洁有序，完全依靠间接照明，让整个大空间弥漫着柔和均质的光线，明亮而不刺目，建筑天花板原有的细节和结构被充分表达（见图4-46）。

图4-45 入口门厅大吊灯　　　　　图4-46　大厅天花板间接照明

在二层公共大厅的"井"字形天花区域，在没有灯槽可以进行灯带安装的情况下，设计团队通过巧妙使用360°环形发光的吸顶灯具，以间接照明的方式，在不破坏建筑结构主体的情况下，满足功能性、装饰性、历史性等多重需求，形成了独特的韵律感和柔和均匀的天花板照明效果（见图4-47）。

二层展厅的功能照明结合顶部"井"字形结构槽内安装线型灯具，通过反射出柔和的间接光，避免了灯具在可触碰范围内的安全问题及被人为损坏的可能，以及近距离时灯具眩光对参观者的影响（见图4-48）。

图 4-47 环形吸顶灯具　　　　　图 4-48 二层展厅照明

第五章　室内照明设计原理

设计是一种艺术，也是一种科学活动，有其原则和规律。本章主要论述室内照明设计原理，从室内照明设计的目的与要求、室内照明设计的程序、室内照明设计的内容、灯具布置的要求四个方面做出探究。

第一节　室内照明设计的目的与要求

光是人类从事各种活动的保障，不当的光环境将阻碍人的行为，甚至对人造成伤害，贝聿铭也说过"让光线来做设计"[1]。因此，进行室内照明设计首先应明确设计目的，掌握室内照明设计的要求，这是构建适宜的光环境的基础。

一、室内照明设计的目的

室内照明主要是创造合适的光环境，为人们看清空间中的对象、了解空间环境以及在空间中工作服务，这就是室内照明设计的基本目的。其更进一层的目的就是将室内空间环境塑造得符合人的身心需求，也就是为人的精神需求服务。总之，其目的是围绕着人确定的。室内照明设计的定位与核心也就是以人为本。为做出优秀的室内照明设计，需充分考虑室内空间中人的一切需求、一切活动和生活方式，以各种照明装置作为主要手段，使室内空间的照明环境，满足使用者、空间本身以及空间内对象的光照需求，其中最重要的是考虑如何为空间的使用者提供照明。根据照明目的的不同，照明分为明视照明、环境照明和装饰照明三部分。

---

[1] 许康：《数学美与创造力》，哈尔滨工业大学出版社 2016 年版，第 295 页。

（一）明视照明

以工作面上的需视物为照明对象的照明称为明视照明。例如生产车间、办公室、教室、图书馆、商场营业厅等室内空间的照明均以明视照明为主（见图 5-1 和图 5-2）。明视照明的特点是围绕确定的目标物或功能目的展开照明设计，即一方面要确保对特定事物的照明，使人能够轻松识别目标物，另一方面也要满足人在整个行为过程中的照度需求。

图 5-1　办公室充足的工作照明　　　　图 5-2　教室照明创造学习环境

（二）环境照明

以环境为照明对象，并以提供视觉舒适感为主的照明称为环境照明。如休息厅、门厅、宾馆客房等非确定工作空间的照明均是以环境照明为主（见图 5-3 和图 5-4）。其特点是不为具体事物考虑照明，而为空间进行照明，不具有照明的针对性。相对明视照明，环境照明的照度可适当降低，对光源的显色性要求也可相对降低，可对光源色表予以侧重考虑。

图 5-3　休息室照明　　　　　　　　图 5-4　宾馆客房照明

（三）装饰照明

以装饰要素为照明对象，或为配合装饰要素起到烘托空间的艺术氛围的照明称为装饰照明。例如各种空间中的装饰小品、陈设品的照明都属于装饰照明的范畴（见图5-5和图5-6）。随着人们对环境质量要求的提高，装饰照明越来越受到重视，装饰照明也着实对室内空间审美性的提高发挥着重要作用，尤其对旅游空间来说，装饰照明是环境氛围营造不可或缺的手段。

图5-5　照明增加了陈设品的装饰效果

图5-6　针对装饰挂画的照明

二、照明设计的相关要求

照明设计是一项复杂的工作，要考虑的内容有很多，其相关要求主要分为六个部分，即照度设置、亮度分布、光源显色性、光源稳定性、光的颜色、眩光等。并且这些部分的要求并非固定的，而是因照明目的的不同而不同，所以在照明设计中，要从空间的具体功能出发，明确不同照明质量指标的要求，进行个性化设计。

（一）合理的照度设置

合理的照度设置是首要要求，照度是关于空间内被照明对象的明亮程度的指标，要保持合适的照度水平，满足视物以及其他需求。

1. 合理的照度水平

照度与人的视功能有直接的联系，当空间照度低时，人的视功能也降低，反之，当照度提高，人的视功能也随之提高。人的行为活动、行为对象、活动目的存在差异，相应的对照度的需求也会不同。并且，照度不仅与人的视觉功能有关，也会更进一步地影响到人的心理状态、精神状态。所以，合理的照度水平不是固定的，是因空间功能和使用者的行为而定的，需要有针对性地进行设计。在工作空间中，不仅需要满足特定空间的明视照明需求，还应使空间受用者保持良好的心理和生理状态，这既是对人性的关爱，也是对工作质量、工作效率的保障。因而要避免低照度引起人的疲劳和精神不振，同时要防止过高的照度诱发人的紧张和兴奋感。而对于休闲空间和娱乐空间等以环境照明为主的空间来说，因环境氛围的塑造要比明视需求显得重要，所以，以适当的低照度使人产生放松、悠闲的情绪更为适宜（见图5-7）。

图5-7 适宜的照度营造悠闲的环境

2. 均匀的照度布置

同一个室内空间，如果照度变化幅度过于明显，会导致人形成视觉疲劳，所以，照度不仅要水平合理，还需要布置均匀。但是，因为室内使用者是移动的，照明对象也不是全部固定的，很难精准地确定其与光源的相对位置，所以，绝对的照度均匀只存在于设想中，实际上做到相对均匀即可。根据国际照明委员会（CIE）的要求，在一般照明情况下，工作区域最低照度和平均照度之比不能小于 0.8，工作所在房间的整体平均照度一般不应小于工作区域平均照度的 1/3。欲达到上述要求，应使灯具布置间距不大于选用灯具的最大允许距高比，且靠近墙壁的一排灯具与墙壁之间的距离应保持在 1/2～1/3 的范围（为灯具间距）。除此之外，如果要求照明的均匀度很高，可采用间接型、半间接型照明灯具或光带等形式来满足要求。

3. 针对性的照度定位

人的活动不同、需求不同，基于此建造的建筑物的功能也就不同，因而对于室内照度水平有着差异化的要求。就算是一个建筑物内，其不同的区域也承载着不同的功能，对于照度水平的要求也会变化。因此，室内照明设计，需要针对建筑物的功能明确照度定位，从整体出发，形成照明设计思路和策略；同时，还需要从室内不同的功能区出发，做出差异化的照明设计，突出不同功能区的特性，从而使构建出的光环境既能够满足具体的功能要求，又能够塑造出统一的氛围（见图 5-8 和图 5-9）。

图 5-8　符合会客厅要求的均匀的间接照明

图 5-9　符合酒吧定位的低照度照明

（二）适宜的亮度分布

在室内环境中，如果视场内各区域亮度跨度较大，当人们的视线在这些不同区域间流转时，需要视觉适应，反复的视觉适应必然会导致人产生视觉疲劳。所以，室内照明设计应当兼顾视场内的各种区域和亮度分布的均匀性，以保障照明环境的舒适感。这需要设计师在进行布光设置时既要进行一般性亮度设计，又要充分考虑不同界面和物体材质的反射率，以进行针对性的亮度调整。

亮度的分布也并非要求绝对均匀、适度。亮度变化有利于目标物的凸显和氛围的营造（见图 5-10）。例如，通常情况下环境亮度应略低于该区域内主体目标物的亮度，将照明对象的亮度设计为区域亮度的 3 倍，能够较好地突出照明对象，形成适宜的视觉清晰度。

图 5-10　突出文物的变化的亮度分布

（三）适宜的光源色表和显色性

色表（表观颜色）与显色性是光源光谱特性的两个重要表征，决定了光源的颜色质量。但光源的色表与显色性之间没有必然的联系，即色表相同的光源显色性可能相差很大，而不同色表的光源也可能显色性几乎相同。理想的照明环境，应是对光源色表与显色性的协调考虑。之所以需要同时考虑，是因为尽管它们同时影响光源的颜色质量，但它们对照明效果影响的层面是不同的。

1. 根据照明目的确定光源的显色要求

当侧重室内环境氛围塑造时，更多的是考虑对光源色表的要求。光源的色表通常以色温（K）表示，不同色温的光源有不同的观感效果，对烘托环境氛围起到不同的作用。例如，色温小于 3300K 的光线呈现偏暖色的效果，适合用于体现温馨、舒缓的环境和在低温地区使用；色温在 3300～5000K 之间的光线为中间色调，具有中性色彩感，一般空间均可使用；色温大于 5000K 的光线偏冷色，适合用于容易使人情绪浮躁的环境，以降低人的燥热感。

在注重对目标物观感效果体现的情况下，对光源显色性的要求就要相应地提高。太阳光是我们最经常接触的光，由于我们的适应性，我们已经习惯于认为太阳光下看到的物体颜色是最真实的，所以与日光接近的光源的显色性最好，最能够体现事物的本质颜色。事实上，我们目前的光源都达不到与太阳光相当的显色性，但我们可以根据不同功能空间的显色要求，选择显色性适宜的光源，表 5-1 列出了显色指数的适用范围。

表 5-1　光源显色指数的适用范围

显色性组别	显色指数（Ra）范围	色表	适用空间
1A	Ra ≥ 90	暖 中间 冷	颜色匹配 医疗诊断 画廊
1B	80 ≤ Ra < 90	暖 中间 冷	家庭、旅馆 餐馆、商店、办公室、学校、医院 印刷、油漆、纺织工业、高精度工业生产
2	60 ≤ Ra < 80	暖 中间 冷	工业生产、一般性办公室、一般性学校
3	40 ≤ Ra < 60	—	粗加工工业
4	20 ≤ Ra < 40	—	显色性要求低的工业生产

2. 选择适宜的照度与色温搭配

通常情况下，低照度不可能体现事物的本质颜色，即低照度光源显色性较差。但这并不意味着高照度光源就一定具有很好的显色性，只有适度的高照度才能显示事物的真实颜色。光源照度和色温的不同搭配又会形成不同的表现效果，对照明质量影响很大。例如，低照度时，低色温的光使人感到舒适、愉快，而高色温的光会使人感到阴沉、寒冷；高照度时，低色温的光有刺激感，使人感觉不舒服，高色温的光则使人感到舒适、愉快。因此，在低照度时宜选择低色温光源（暖光）；高照度时宜选择中高色温光源（冷白光）。图 5-11 和图 5-12 是同一场景在不同光线下的两种效果；图 5-11 是阴天时的自然光效果，此时的光线具有照度低、色温高的特点，场景显得暗淡而又略有几丝寒意，且木制作、乳胶漆等材质的质感和固有色显现效果极差；图 5-12 是人工照明效果，其照度较前者明显提高，光源色温则选用低于前者的冷白色光。画面中不仅材质的质感和色彩得到了很好的体现，而且有温馨、清亮之感。

图 5-11　低照度高色温光环境

图 5-12　高照度中色温光环境

（四）稳定的光环境

照明质量指标中，光环境的稳定性也十分重要。若室内光环境不稳定，不仅会导致空间功能无法顺利实现，甚至会对人的健康造成负面影响。例如，人在工作或学习时，如果室内照明的照度突然发生变化，势必会打断我们的工作或学习，分散注意力，甚至引起心理恐慌。而如果人们长期在这种照度不断变化的光环境中生活，视力会受到严重影响。

引起照明不稳定的原因有很多，其中最主要的原因是电压波动。如果照明供电系统中存在大功率用电器，当此类用电器启动时会引起电压的波动，从而导致照明光源光通量的变化，造成照明的不稳定。因而为提高照明的稳定性，在特殊的用电环境下要采取相应的措施。例如，为照明供电设置单独的电路，使用稳压设施等。

照明不稳定的另一个主要原因是频闪效应。交流电电流的周期性变化，会使气体放电光源光通量产生周期性变化，人们在这样的光环境中观察运动的物体时，就会产生错觉，这种现象叫作频闪效应。当转动物体的转动频率与灯光闪烁频率成整数倍时，人们会有物体不动的错觉，从而容易导致事故的发生。所以气体放电光源不宜用于存在快速运动的物体的空间。就算是将气体放电光源用于普通的室内空间，也必须使用合适的降低频闪的方法。

另外，光源（或灯具）的摇摆也容易产生光照度的变化，严重情况下可能引发频闪效应，造成对视觉的影响。

（五）适宜的光影效果

光影效果因光源与被照明物体的具体位置关系的不同而不同。光影效果可以带来良好的作用，也会造成不良的影响。我们可以采取一定的设计，构造出合适的光影效果，也可以将其消除，这主要从照明目的和空间功能出发来考虑。

在以工作为主要功能的空间中，应当尽量避免和消除光影效果。一是因为，光影效果会导致人形成视错觉，使人不能正确判断物体的形象和位置，进而容易引发安全问题。二是因为，人长时间地观察一定具有多角度光影的物体，会很快地产生视觉疲劳，使工作效率下降，视力受损。所以，在办公室、书房等工作环境中，需要合理地设置光源与物体的位置关系，提升光源数量和密度等，以合适的方法减小、消除光影效果（见图5-13）。

图5-13　近乎无光影效果的照明空间

相反，在环境照明和装饰照明的设计中，利用光影效果可以增添美感，形成特殊的装饰效果，尤其是对于装饰照明来说，光影成为渲染空间氛围的重要手段。在某些空间，可以通过不均匀的布光设置和一定的光源与物体的关系，制造不同的光影效果，起到增强空间感，增加空间的视觉丰富性、趣味性等作用（见图5-14）。

图5-14　灯和装饰物构建光影效果

（六）限制眩光

眩光指的是，视野中不合理的亮度分布、时空中的极端亮度对比，从而导致视觉不适和物体可见度低的视觉条件。以眩光导致的结果为标准，可分为失能眩光和不舒适眩光两种。无论哪种形式的眩光，都将影响照明质量甚至伤及人体。

对于眩光产生的原因，前文已有所表述，不再多作介绍。为了限制眩光，我们应该针对眩光产生的原因采取相应的措施。例如，在布置光源、灯具时需考虑到光照的均匀性，就算是要打造特殊的光效，也需要控制其与周边区域的照度差；正确把握空间的照度要求，并且要考虑到物体材质的光反射特性，从而明确适宜的照度水平，使用合适的灯具；结合视线距离明确光源的照度，并通过光源的密度安排调整整体的照度水平，也可以选取照度低、发光面大的灯具等，以多种方法避免眩光。

第二节 室内照明设计的程序

一、明确照明目的

（一）明确空间的功能性

办公空间、餐饮空间、娱乐空间、文教空间、观演空间等不同使用功能的空间对照明的要求有很大的差异，因此明确空间的功能性质是进行照明设计的首要工作。了解空间的使用要求，如空间的使用频率、预期使用人数及受用群体的文化背景等。

（二）掌握空间的具体因素

空间的具体因素，包括功能区的设置、整体布局、空间组织形式，不同空间的形状、尺度，环境的物理条件，空间界面的装饰形式，饰面材料的光反射性能，室内陈设的数量、特性与布置情况等。只有掌握了上述具体因素，认识和把握空间的特点，基于此分析空间条件和好坏，才能够通过照明优化空间。

（三）确定照明目的

把握每个功能区的照明目的，对具体功能区中不同照明目的类型的占比做出分析和明确，基于此对空间照明做出整体布局，对照明节奏做出初步安排。为了把握照明目的，应当综合了解和分析空间功能组织，细致地分析不同功能区的具体功能，全面掌握各种功能内容，合理地定位更局部的具体功能。

二、确定照明质量标准

以使用者对空间的要求为基础，参考行业和国家关于照明质量标准的规定，明确具体的照度值。结合空间的形态以及内部的所有物体的位置关系和光反射率等，合理安排亮度分布，形成大致的照度方案。明确空间内部具体的功能照明和装饰照明的区域，结合具体的功能要求，以及所要创造的环境氛围，明确光源的色温、显色性等。

三、保障照明质量

（1）考虑视野内的亮度分布

需要合理控制室内最亮处、工作面和最暗处的亮度的比例，并且要兼顾背景和主要物体的亮度和色度的比值。

（2）光的方向性和扩散性

通常室内空间要构造明显的光影时，要考虑光源的方向性。而要消除和避免光影效果时，则要考虑光源的扩散性。

（3）避免眩光

为了避免眩光，要合理控制亮度，避免其过高；要增大视线与光源之间的角度；降低光源和周边环境的亮度差；消除反射眩光。

四、选择光源

① 应当分析需要的色光效果，以及其对心理的影响。如果工作内容需要识别色彩，或者采光较差，在选择光源时，需关注显色性；应当分析空间内物体的变色和变形；应当分析装修界面和装饰灯的色彩和氛围。

② 发光效率。不同光源的发光效率不同，通常功率大的发光效率也会较高。

③ 使用寿命。不同的光源的使用寿命不同，白炽光一般为 1 000h 左右，荧光灯一般为 3 000h 左右。

④ 灯泡表面温度。不同光源的灯泡表面温度不同，荧光灯为 40℃ 左右，白炽灯不同放置方向下的温度不同。

五、选择照明方式

在选择照明方式时，应当以空间的照明要求为基础。划分空间中不同的功能区，并对其功能性质做出定位，从而掌握不同功能区的照度要求，并基于此形成大致的一般照明、局部照明、混合照明方案。设计发光顶棚，考虑不同照明方式如光檐或者光槽、光梁或者光带等。除此之外，还需要根据具体的装饰形态和氛围，选择点光源、线光源和面光源，调整光源形式和效果。

六、选择灯具

① 灯具的效率、配光和亮度。外露型灯具，随着房间进深的增大，眩光变大，下面开敞型的灯具也有上述的同样倾向。下面开敞型半截光灯具眩光少；镜面型截光灯具（带遮挡）的眩光最少，镜面型截光灯具（不带遮挡）、带棱镜板型灯具均具有限制眩光的效果；带塑料格片、金属格片的灯具均具有限制眩光的效果，但灯具效率低。

② 灯具的形式和色彩。

③ 兼顾灯具与室内整体设计的协调。

七、初步进行灯具布置

基于照明方式，兼顾室内装饰效果，合理地组织灯具的布置形式，并选择合适的位置。位置安排不仅要考虑照明方式、平面布局的形式美，还要考虑对消防系统、空调系统、新风系统等其他安装工程构件的合理避让。在初步布置阶段，灯具的布置密度可以根据常规做法控制，是否适宜可在照明计算后确定。

开展照明计算，结合照度要求、灯具效率、光源数量、空间形状、墙面的反射比、光衰等，计算出光源照度。从总体的亮度出发，结合局部、整体的亮度比，背景、主体物的亮度比，计算出局部照明和重点照明的光源照度值。

八、电气设计

（1）确定照明的电源方案

根据照明、动力（电力）负荷的性质，初步估算的负荷等，确定配电变压器的容量与参数，并确定采用照明专用变压器还是与动力负荷共用。应急照明的电源，采用专用应急电源线路、应急发电机或蓄电池组等。应统筹考虑各种照明负荷的电源问题，保证安全可靠、经济合理。

（2）确定照明配电系统接地形式

建筑物（包括照明的综合用电）应统一确定低压配电系统的接地形式，是采用 TN-S，TN-C-S，还是 TT 系统等。

（3）确定照明的配电系统

按照照明负荷的性质、楼层、防火分区、供电半径等的要求划分配电分区，确定电能计量、配电箱的设置，灯光开关控制的要求、配电线路的连接。

（4）功率统计与负荷计算

按各个照明箱来统计照明负荷（注意光源的附加损耗，如镇流器损耗等），计算出各自照明负荷，并逐渐累加到总电源箱，算出总负荷。根据自然功率因数和供电局对用户要求的功率因数，确定无功补偿容量和补偿方案。

（5）配电线路设计

根据计算负荷以及防火、防爆等场所环境条件确定各级配电线路的导线规格型号、截面大小和敷设方式，按照允许电压损失值等条件校验导线截面面积。

（6）照明开关电气设备的选择

照明配电箱内的断路器、隔离触头、浪涌保护、互感器等依据额定电压、计算负荷大小、回路负荷性质和现场环境等要求选择合适的型号，进行必要的短路开断能力、短路动稳定和热稳定校验。

九、经济及维修保护

① 核算固定费用与使用费用。计算设备投资费用和年电力费用，此外还要计算年固定费和年维护费，照明设备与其他设备一样，使用过程中都有消耗。因此要取照明设施初投资的一定比例作为年固定费，计算到产品成本中去并逐年回收，以便为设备更新之用。年维护费包括灯泡费、换灯泡人工费，清扫照明器所耗材料费与人工费等。

② 采用高效率的光源及灯具。对比光源和灯具的效率，以最少的光源灯具达成照明要求。

③ 天然光的利用。通过窗户等增加自然光，减少人工光的使用频率，达到经济效果。

④ 选用易于清扫维护、更换光源的灯具，节省维修清理费用。

十、绘制施工图、编制概算或预算书

先绘制电气施工平面图，再绘制配电系统图，编写工程总说明，列出主要材料表（见图 5-15 和图 5-16）。

125

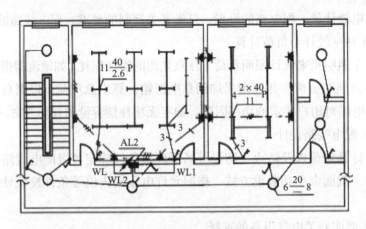

图 5-15　照明平面局部图示例

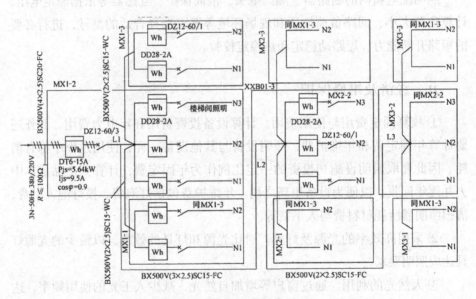

图 5-16　配电系统图示例

十一、设计时应考虑的事项

① 与业主和建筑、室内及设备设计师协调，了解业主的喜好与要求，明确设计方案的可行性和落地难度，适当调整照明设计方案。

② 和其余设备协调，如空调，照明设计下属于室内设计，应当与其他设备统一，增强室内设计的协调感。

十二、施工现场管理阶段

照明设计师为了把设计变为现实，在工程进行期间要定期前往现场，与监督工程施工进程的建筑师、室内设计师、电气工程公司、建筑工程公司进行商讨，这在照明设计中就是现场管理阶段。

（一）现场说明会

尽管照明设计内容要被汇总到上述阶段制作的设计文件中，但仅依靠设计图纸来进行施工是远远不够的，因为那些用于工程发包的图纸所包含的内容和信息是相当有限的。

通常，照明设计图纸的内容由于分别被安排到工程发包图的电气设计图和吊顶结构平面图中，在这些图中，无法得知灯具的式样、安装方式和数量等信息。当然，也有将照明设计图纸作为工程发包图的做法，但是仍然无法将照明设计的理念准确地传递给工程的承包人。

127

因此，有必要举办照明设计说明会，来向工程的有关人员传达设计的相关内容。在会上，应该由照明设计师来讲述照明设计的构想以及工程的内容，讲解有关的照明术语，如色温、光通量、显色性等，洗墙式灯具等各种灯具的名称、特点、作用、安装等内容。会上要确认灯具的安装时间表，如果设计中使用了特制的专用灯具，需要强调应按照被认可的图纸进行施工，并确定试验灯具的安装时间等。

（二）照明例会

无论是多么翔实的设计图纸，当工程开始后都可能会出现各种各样的问题。为了解决所发现的问题，需要召开"照明例会"。这种会议通常是由承担照明工程的电气工程公司主办，建筑师、室内设计师、设备设计师、照明设备厂家的技术人员、照明设计师等应该参加会议，就有关灯具的详情和在建筑中的安装等问题进行详细的商讨。

（三）照明模型试验

优美的照明效果，既来自性能优异的灯具，也要求接收光照的墙面、地面以及天花板表面的颜色和材质能够有效地配合，以达到预期的照明效果。

当使用某些新型的饰面材料，或者是特殊的灯具时，需要制作模型或在现场进行试验。进行试验时，照明设计师应该在事前做出试验的计划书，以便寻求有关人员的合作。

虽然试验的内容会随试验目的而变，但测量照度和亮度数据、拍摄和记录不同照明效果进行比较试验的照片等，都是必不可少的。将试验结果汇总到报告书中，并由此决定灯具的详情，选择合适的墙面材料。

另外，这种试验结果也能作为向业主和室内设计师展示照明效果、说明照明意义的材料。

（四）告知／同意

完成一个照明设计之所以很难，是因为完成了建筑空间的施工，安装了照明灯具，直到通了电，业主还不能看到最终的照明效果。业主只能在建筑物即将竣工之前才能看到他在照明设计和照明设备方面的投资结果，一旦与业主的预期有所差距也难以修补。当然，这种情况是绝不允许发生的，所以，从概念设计阶段到施工设计阶段再到现场试验阶段，都需要反复向业主进行设计效果的演示。尽管如此，照明效果的体验也是因人而异，甚至在价值观上的差异也会体现到对照明效果的是否认同方面。

所以，"告知／同意"就是指对那些对方有疑问的事情进行说明，以便消除其疑虑。在进行现场施工配合时，应该边向对方展示照明的试验效果，边阐释说明设计中的有关问题。

（五）认可

在灯具即将发包之前，由电气工程公司提出灯具认可图。这是反映以前商讨结果的图纸文件，确认其内容之后，须盖章方能生效。

此外，还存在一个最终确认的问题，就是确认所有光源的配光和色温。在配光方面，光束扩散程度以半光束角进行规定，例如 10°、20°、30° 等。

十三、照明调试阶段

对由灯具射出的光的强度和照射方向进行调整，属于照明设计的后期工作，被称为调光。对于较大规模的照明工程现场来说，需要绘制调光指示图，因为许多时候是需要依靠电气工程公司来配合完成这项工作。这项工作是在工程大体完成之时，即向业主交工之前进行的。照明设计师需要到现场来指挥调光作业，并亲自予以确认。

当在同一空间中设计了多个照明场景时，还应把所设计的各个场景的照明效果以及场景更替时间的设计文件存储起来以备调用。

（一）调光指示图

以灯具总布置图为基础，从各个灯具处引出射线，指向投光点，把表示照射点的图称为调光指示图。在这个图上，画出光在被照面上扩散的圆弧，标上由照明计算求得的照度值，并标记上从灯具到照射点的照射角度。

调光工作是根据这个图把瞄准点在现场做记号，然后再将灯具调整指向该点。

调光工作多在夜间进行，设计师应具备迅速判断并做出合适指示的能力。

（二）制作照明场景状态图

当要在规定时间内转换照明场景时，需要预先设定灯具的调光水平、调控开关以及调控间隔。照明场景状态图就是用表格和图形（曲线图）来表示这些信息内容。

（三）制作维护管理导则

照明工程建设完成之后，光源和灯具必须进行经常性的维护，才能确保它们正常地工作，保持照明效果。因此，需要向管理者、使用者说明如何正常地使用和维护照明工程。说明多以维护管理的手册的形式出现，手册中包括使用说明、管理方法以及产品资料等。

（四）保留记录

把最终完成的有关照明工程的技术数据以及照明效果的照片进行记录存档。一方面可以作为将来进行维护管理时的依据；另一方面有助于总结经验，为后续的设计工作提供参考。

129

第三节　室内照明设计的内容

一、选择照明方式和照明种类

场所内的活动不同，形成的照明要求也就不同，应当选择差异化的照明方式。照明方式主要分为五种，包括为一般照明、分区一般照明、混合照明、局部和重点照明。各种照明方式的使用原则如下。

① 一般照明：指的是对空间总体给予照度均匀的照明，光源均匀分布在空间内。其适用于工作空间。

② 分区一般照明：指的是对不同功能区给予差异化照度的照明。

③ 混合照明：适用于对照度要求高，并且单一的一般照明不合适的场所。

④ 局部照明：只适用于空间内的局部，不能整个空间只使用局部照明。

⑤ 重点照明：适用于空间内对照度要求高的局部。

二、选择光源、灯具和其他附属装置

（一）光源的选择

① 须根据国家标准和行业规定选择。

② 以显色性和启动时间等作为基础的选择标准，并基于此选择在效率、使用寿命、价格等方面更加符合要求的光源。

③ 其他选择条件：第一，空间高度较低的场所应当选择细管径直管型三基色荧光灯，如教室、办公室等；第二，对于商业空间，应当选择细管径直管型三基色荧光灯、小功率陶瓷金属卤化物灯等作为一般照明；第三，空间高度较高的场所，应当结合具体需求，选择用金属卤化物灯、高压钠灯或高频大功率细管径直管荧光灯；第四，普通白炽灯在光源选择中居于最后的位置，当对电磁干扰有要求，其他光源不适合时，可以使用。

（二）灯具及其附属装置的选择

① 选用有国家认证的灯具和附属装备。

② 以眩光和配光等要求筛选灯具，在经过筛选的灯具时，选择效率高的。

③ 不同环境的场所，需选用对应的灯具。湿度高的场所，需选择防水性强的灯具；场所中存在腐蚀性气体、蒸气，须选择防腐蚀性能强的灯具；温度高的空间内，需选择散热性强、耐高温的灯具；尘埃多的空间内，需选择防护等级 IP5X 及以上的灯具。

④ 对于一般环境的场所，在普通可燃材料表面上使用的灯具，需选择符合现行国家标准《灯具第 1 部分：一般要求与试验》（GB7000.1-2015）的有关规定的灯具。

⑤ 选择镇流器需考虑：荧光灯的镇流器应当选择电子镇流器或节能电感镇流器；高频电子镇流器适用于要求无频闪的空间；高压钠灯、金属卤化物灯的镇流器应当选择节能型电感镇流器；电压偏差大的空间，应当选择恒功率镇流器；小功率的灯具应当选择电子镇流器。

131

三、计算和照度

选择照度时必须合理，要以空间内活动要求为主，同时坚持节约环保理念。合适的照度有利于保护视力，提高劳动生产率和产品质量；过大的照度会造成不必要的电能浪费。在建筑照明设计中，我国目前执行的照度标准是2014 年 6 月 1 日开始施行的《建筑照明设计标准》（GB50034—2013）。在确定照度时，可从该标准规定中选取。

四、选择电压

① 一般照明光源的电源电压应采用 220V。1500W 及以上的高强度气体放电灯的电源电压宜采用 380V，以降低损耗。

② 当移动式和手提式灯具采用 Ⅱ 类灯具时，应采用安全特低电压供电，其电压限值应符合以下规定：第一，在干燥场所交流供电不大于 50V；第二，在潮湿场所不大于 25V。

③ 照明灯具的端电压不宜大于其额定电压的 105%，且宜符合下列规定：第一，一般工作场所不宜低于其额定电压的 95%；第二，当远离变电所的小面积一般工作场所难以满足第一款的要求时，可为 90%；第三，应急照明和用安全特低电压供电的照明不宜低于其额定电压的 90%。

五、确定照明供配电系统与控制方式

（一）照明供配电系统的选择

① 供照明用的配电变压器的设置应符合下列规定。

第一，当电力设备无大功率冲击性负荷时，照明和电力宜共用变压器。

第二，当电力设备有大功率冲击性负荷时，照明宜与冲击性负荷接自不同变压器；当需接自同一变压器时，照明应由专用馈电线供电。

第三，当照明安装功率较大或谐波含量较大时，宜采用照明专用变压器。

② 三相配电干线的各相负荷宜分配平衡，最大相负荷不宜大于三相负荷平均值的 115%，最小相负荷不宜小于三相负荷平均值的 85%。

（二）照明控制方式的选择

① 公共建筑和工业建筑的走廊、楼梯间、门厅等公共场所的照明，宜按建筑使用条件和天然采光状况采取分区、分组控制措施。

② 公共场所应采用集中控制，并按需要采取调光或降低照度的控制措施。

③ 除设置单个灯具的房间外，每个房间照明控制开关不宜少于 2 个。

④ 当房间或场所装设有两列或多列灯具时，宜按以下方式分组控制：生产场所宜按车间、工段或工序分组；在有可能分隔的场所，宜按每个有可能分隔的场所分组；除上述场所外，所控灯列可与侧窗平行。

六、选择导线和电缆

合理选择照明线路的导线截面，既要符合导线允许载流量，又满足一定的机械强度要求，并保证光源有给定的电压水平，还应节约电能。

导线截面的选择有以下几种方法：按发热条件选择导线截面；按电压损失条件选择导线截面；按机械强度条件选择导线截面。

除上述内容之外还需绘制照明平面布置图，同时汇总安装容量，列出主要设备和材料清单。这部分已经在上一节中论述，此处不再赘述。

第四节 灯具布置的要求

灯具的布置就是确定灯在房间内的空间位置，包括水平位置和垂直位置。灯具的位置关系到光的投射方向、工作面的照度、照度的均匀性、眩光、视野内其他表面亮度分布以及工作面上的阴影等。灯具的布置还会对照明装置的安装功率、照明设施的耗费、使用的安全以及能耗产生影响。因此，对灯具位置应进行严格控制。

一、灯具的平面布置方式

通常而言，室内照明设计中对于灯具的平面布置包括均匀布置和选择布置。

均匀布置是不考虑工作位置或其他物件的空间位置的布局方式。均匀布置通常有正方形布置、矩形布置和菱形布置等多种方法，是指相邻的四盏灯具呈正方形、矩形、菱形等形式。均匀布置是一种最常用的灯具布局方式，可以形成均匀的照度分布。在布置灯具时，应当尽量和其他物体错开，同时使灯具与装修、陈设相协调，从而提升顶棚的美观度，使空间整体上更为协调（见图5-17）。

图5-17 均匀布灯的效果

选择布置是根据工作位置或其他物件的空间位置，来确定灯具位置的布置方式。选择布置的最大优点是能够选择最有利的光照方向，并最大限度地避免工作面上的阴影（图5-18）。在室内设施的布置位置不均匀的情况下，灯具的选择布置不仅能够为局部提供必需的照度，还能够实现以最少的灯具满足照明要求，从而降低成本、节约电能。然而，如果灯具之间相距过远，就需要在中间添加灯具，避免空间内出现不合理的亮度差，从而避免眩光和视觉疲劳。

图 5-18　根据工位确定布灯位置

二、灯具的平面布局控制

灯具采用均匀布置时，除了要考虑不同的形式感之外，更要考虑灯距。灯距合理与否关系到空间的照明质量。灯距的确定主要考虑灯具的距高比，即灯具间距与灯具至工作面距离的比例关系，灯具的间距常用 L 表示，灯具至工作面的距离（计算高度）用 h 表示。当距高比（L/h）小时，即表示灯具的密度大，照明的均匀度好，但投资大；当距高比（L/h）大时，即表示灯具的密度小。如果距高比过大，则不能保证得到规定的照明均匀度。因此，灯的间距实际上可以由最有利的距高比（L/h）来确定，以保证减少电能消耗且具有较好的照明均匀度。表 5-2 为灯具布置最有利距高比。

表 5-2　灯具布置的最有利距高比

灯具形式	距高比（L/h）	
	多行布置	单行布置
乳白玻璃圆球灯、广照型防水防尘灯、天棚灯	2.3～3.2	1.9～2.5
无漫透射罩的配照型灯	1.8～2.5	1.8～2.0
搪瓷深照型灯	1.6～1.8	1.5～1.8
镜面深照型灯	1.2～1.4	1.2～1.4

续表

灯具形式	距高比（L/h）	
	多行布置	单行布置
有反射罩的荧光灯	1.4～1.5	—
有反射罩的荧光灯，带格栅	1.2～1.4	—

通常，灯具在均匀布置时，墙边的第一排灯具距离墙面的距离应为 L/2～L/3 之间，同时应结合墙面材料的光反射系数考虑。

合理的灯具布置可以有效地消除在主要视线范围内的反射眩光。采用直接型或半直接型灯具时，应注意避免由人员或物体形成的阴影。因而，即便是对于面积不大的房间，有时也需装设 2～4 盏灯具，以避免产生明显的阴影。

三、灯具的悬挂高度

图 5-19 是灯具悬挂高度的布置图。图中的 "H" 为房间的高度，"h_0" 为灯具的垂度，"h" 为灯具下端距工作面的高度，即计算高度，"h_1" 为工作面的高度，"h_2" 为灯具的悬挂高度。

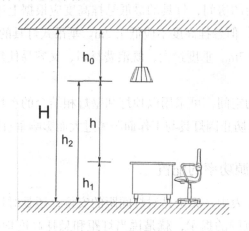

图 5-19　灯具悬挂高度布置图

从照明质量方面看，照明灯具的悬挂高度的确定所要考虑的因素是眩光。灯具和光源不同，其所对应的产生眩光的条件也会存在差异，因而在控制灯具悬挂高度时应具体对待。表 5-3 为常用灯具距地面的最低悬挂高度。

表5-3 常用灯具距地面的最低悬挂高度规定

光源类型	灯具形式	光源功率（W）	最低悬挂高度（m）
白炽灯	有反射罩	≤ 60	2.0
		100～150	2.5
		200～300	3.5
		≥ 500	4.0
	有乳白玻璃反射罩	≤ 100	2.0
		150～200	2.5
		300～500	3.0
卤钨灯	有反射罩	≤ 500	6.0
		1 000～2 000	7.0
荧光灯	无反射罩	< 40	2.0
		> 40	3.0
	有反射罩	≥ 40	2.0
金属卤化物灯	搪瓷反射罩	400	6.0
	铝抛光反射罩	1 000	14.0

当一般照明的照度低于30lx，且房间长度不超过灯具悬挂高度的2倍，或在人员短暂停留的房间，灯具的最低悬挂高度应根据上述指导悬挂高度适当减低0.5m左右，但悬挂高度不应低于2m。垂吊式灯具的垂度一般为0.3～1.5m，通常取为0.7m。垂度过大，既浪费材料，又容易使灯具摆动，影响照明质量。

对于高顶棚的空间，可采用以顶灯和壁灯相结合的布灯方案。这样既可以节约电能，又可防止因灯具与工作面距离过大而影响垂直照度。

四、灯具光源功率的配置

在上文的两个表中，无论是对灯间距的安排，还是对灯具悬挂高度的控制，都只是一个范围的提示，就是说当灯距和悬挂高度均在合理范围内时，可以产生很多具体的安排，因而会有不同的照度效果。所以这种范围提示只是作为一个参考，应用中灯位的具体安排要通过对照度的测算来最终确定。

实际上，空间的照度要求根据空间功能而不同，即特定空间的照度已经确定，而照度计算只是检验灯具的布置和光源的功率是否能够达到照明要求。而当灯具的距离和悬挂高度已经初步确定时，就需要对光源的功率进行确定。

室内空间的照度水平除了与光源的发光效率（lm/W）有关，还与灯具的效率、室空间比、空间内材料的反射系数、维护系数等一系列因素有关。具体光源的功率可根据其发光效率确定，而单只光源的光通量要求可以利用平均照度计算的系数法推导出来，公式如下。

平均照度 =（光源总光通量 × 利用系数 × 维护系数）/ 空间面积

单只光源的光通量 =（平均照度 × 空间面积）/（光源数量 × 利用系数 × 维护系数）

平均照度可以根据空间的功能要求来确定，室内空间的利用系数和维护系数应根据具体空间情况而定，该式中其实还应包括灯具效率。因为各种系数的查阅和测算比较麻烦，所以通常情况下可采用一个粗略的系数，俗称大系数。大系数是将灯具效率、利用系数、维护系数同时考虑在内，通常取 0.3～0.5，根据经验，正常情况下该系数可以满足绝大多数室内空间的照度测算需要。单只光源的光通量公式如下。

137

单只光源的光通量 =（平均照度 × 空间面积）/（光源数量 × 大系数）

当单只光源的光通量确定后，便可以根据不同光源的发光效率来选择适合功率的光源。

第六章　室内照明设计应用

室内照明设计旨在基于使用者的需求，发挥技术和艺术方法，最大程度上引入自然光，合理地设计人工光，构建一个满足人的身心需求的、美观且舒适的室内照明环境。本章主要内容为室内照明设计应用，将对居住空间照明设计、办公空间照明设计、商业空间照明设计、酒店空间照明设计、餐饮空间照明设计、展示空间照明设计进行研究。

第一节　居住空间照明设计

一、居住空间照明的基本要求

人们的日常生活主要发生在住宅空间内，住宅的环境在一定程度上决定了生活质量。如今，社会经济不断发展，人们的收入水平越来越高，居住方面有了很大的改善，以往那种只满足视觉功能的单一的照明已落后于时代发展，落后于人们的需求，尤其是不能满足人们对居住空间精神功能的要求。所以，照明设计不仅要采取照度、布光、光色等技术方法，适应居住空间的功能性需求；还要通过灯具的艺术美感设计，以及其与居住空间内其他物体，来形成统一的空间设计风格，构建美观、舒适的室内照明环境。

下面将从照度设置、亮度分布、光线色调、照明灯具的选择等方面来了解居住空间照明的基本要求。

（一）合理的照度设置

居住空间照明设计要充分考虑居家活动的多样性，以保证人们饮食起居、文化娱乐、工作学习、家务劳动、迎宾待客等多种活动的正常进行。因此，各空间的照度要根据其具体功能及要求来确定（见表6-1）。

表 6-1　居住空间各区域照度标准值

房间或场所		参考平面及其高度	照度标准值 /lx
客厅	一般活动	0.75m 水平面	100
	书写、阅读		300
卧室	一般活动	0.75m 水平面	75
	床头、阅读		150
餐厅		0.75m 餐桌面	150
厨房	一般活动	0.75m 水平面	100
	操作台	台面	150
卫生间		0.75m 水平面	100

注：当房间内需要多种照度时，宜用混合照明。

此外，空间照度还应考虑不同年龄段的人的需求。通常，老年人由于视力减退，需要较高的照度，而年轻人对照度的要求相对低些。

（二）适宜的亮度分布

人们在居住空间内要进行饮食、烹饪、休闲、阅读、睡眠等不同的活动，这导致了居住空间功能上的多样和复杂，并且不同房间的大小和装修也有明显的不同。所以，在住宅内创造舒适的照明环境，就不能只选择均匀的照度分布。否则，会使空间缺乏层次感和节奏感而显得呆板单调，但也要注意避免出现极明（眩光）或极暗（阴影）的现象。同时，还要充分考虑主要空间和附属空间在照明上的主次，以及对亮度差的控制，例如过道和走廊的亮度不宜过高。

对于较小的房间，可采用均匀照度，而对于较大的房间，应突出照明重点。此外，儿童和老年人房间的亮度可适当提高，因为儿童活动的随机性较强，而老年人的视力一般不太好、反应能力较差、活动的灵活性欠佳，均需要较高的亮度来保障其安全。

客厅的亮度一般较高，这样能够提升人的精神兴奋度，营造出休闲、轻松的氛围。卧室的亮度一般较低，通过床头灯、落地灯、镜前灯等来提高局部亮度，既可以使人感觉宁静、舒适，又能保证阅读、化妆等使用功能。

另外，亮度对比要适当。工作区、工作区周围和工作区背景之间的亮度比对不宜过大，否则会引起人的视觉不适，使人产生视觉疲劳，还易造成眩光。一般来说，工作区与工作区周围亮度比不应超过四倍。

（三）适当应用光线色调

光线有不同的色彩，主要分为冷色、暖色和中性。通常而言，在阅读、做饭等工作性的活动空间区域内，最好选用冷色调的光线；吃饭、休息和娱乐等活动空间区域内，最好选用暖色调的光线。

（四）照明灯具的选择

居住照明灯具的选择应考虑性价比，即对灯具的光效、装饰效果及价格进行综合评定。市场上的灯具种类繁多，在选择时，一方面要满足居住的照明要求，另一方面还要与室内空间的体量、风格、色彩和肌理等相搭配，以反映主人的审美情趣和品位修养。

此外，在居住空间照明设计中，绿色照明与节能照明也不容忽视。可通过控制灯具的数量或选择灵活控制光源亮度的灯具等方式，达到节能的目的。同时，为了节省费用，居住空间照明不仅应在设计及安装上尽可能地减少费用，而且还要考虑在长期使用中节约能源和减少电费开支。

二、功能空间照明设计

居住空间主要分为七类，分别是：玄关、客厅、餐厅、厨房、卧室、书房、卫生间。这些空间功能各异，因而对于照明和灯具的要求同样各异。一般来说，居住空间的照明形式主要是一般照明和局部照明，前者指的是环境照明，要求明亮、均匀；后者指的是局部空间的照明，要求亮度较高且无眩光。

下面将讲解住宅各空间的主要功能、照明特点及布灯方式。

（一）玄关照明设计

玄关是住宅的第一功能空间，是室内与室外的过渡空间，考虑到更换衣物和装饰，玄关照明通常采用暖色光源，以营造温馨的氛围（见图6-1）。

1. 一般照明设计

玄关的一般照明是为空间提供环境照明，并兼有一定的装饰作用。玄关的一般照明应有均匀的照度，且照度值不宜过高。

玄关灯具的选择和布置要根据顶面装修情况而定（是否有吊顶及吊顶的形式），通常以顶部照明灯具为主，如筒灯、吸顶灯、反光灯槽等。玄关的一般照明不宜采用过多的照明形式，否则给人杂乱无章的感觉。

2. 局部照明设计

玄关的局部照明是为装饰效果服务的，具体而言就是为陈设、壁龛等提供重点照明。通常，玄关局部照明的灯具以射灯、壁灯为主。

需要注意的是，局部照明的照度要高于一般照明。此外，玄关的局部照明也不宜过多，否则会令局促的空间显得过于杂乱，从而破坏空间感。

图 6-1 天花板筒灯提供环境照明，挂衣处灯带方便挂取衣物

（二）客厅照明设计

在整个居住空间中，客厅是中心，家庭成员之间的交流互动以及和朋友、亲人之间的社交都在此处进行，相较其他空间，客厅内的活动更加多样，功能也更加复杂。所以，客厅的照明设计也应当满足多功能要求，满足使用目的，同时要更加多变，不仅要能够为家庭成员的休闲、交流、娱乐等活动提供合适的照明，营造舒适的氛围；还要能够满足接客待物、社交的需求，使空间更加美观。

客厅的照明系统应当具备多功能性和高度的灵活性，既要满足全面照明和工作照明的目的，也要提供装饰照明。需以一般照明的设计为先，选择与空间其他设计相协调的，同时能够突出客厅的中心地位的照明方式，提升空间整体的亮度。此外，要做好功能分区的照明设计，对局部和陈设品等进行针对性设计，从而提升客厅照明的层次性，优化明暗关系。客厅内的不同照明方式和灯具应灵活组合，创造出多变的照明效果，从而满足各种功能的个性需要。因此，客厅照明设计的具体考虑如下。

1. 一般照明设计

客厅一般照明主要为了照亮整个空间，灯具通常安装在房间的天花板中央，用吸顶灯或吊灯，离地 2m 以上。一般采用直接－间接型照明，以增加顶棚和空间的亮度。通常，它虽不作为工作或学习之用，但因其位置比较高，照明的空间又比较大，所以应选用功率大一些的灯泡（管），通常可选用荧光灯、白炽灯、低压卤素灯或 LED 灯等。以 15m² 的房间为例，白炽灯一般可用 2×60W，荧光灯一般可用 36W。灯具应保证有上射的光，避免使顶棚过于阴暗，故不宜选用全部向下照射的直接型照明灯具。在选择灯具时，不仅要考虑灯具的形状、材质、色彩与空间整体风格的和谐搭配，还要考虑灯具的体量和安装方式与空间尺度相协调。

在客厅安装吊灯时，其悬挂高度要适宜，通常应保证使用者在坐姿状态时的正常视听和交谈且视线不受妨碍。同时，还应考虑吊灯悬挂的高度对眩光的影响。

此外，也可选择镶嵌式灯具，这种灯具照明会使室内空间显得宽阔。在客厅内与吸顶灯、壁灯配合使用，通过不同灯具的组合，可以实现多种功能的照明，形成不同的光照环境。

2. 局部照明设计

客厅的局部照明主要用于工作照明和装饰照明。工作照明是指为沙发阅读提供的照明，常选用落地灯或台灯作为照明灯具。

通常，落地灯的照度为 300～500lx。同时，为了方便阅读，落地灯的高度应能自由调节。台灯一般放置在沙发的边几上，除了提供局部照明外，还起到装饰空间的作用。

客厅的装饰照明主要是对装饰墙、装饰挂画、装饰小品、主要陈设品等的照明，灯具大多采用射灯和局部照明用筒灯。

图 6-2 为客厅一般照明和局部照明的配合。顶部的艺术灯具照亮整个空间；壁画上方有筒灯，为装饰照明；长沙发和单体沙发之间的边几上有台灯，方便阅读。

图 6-2　客厅一般照明和局部照明的配合

143

（三）餐厅与厨房照明设计

住宅餐厅的照明设计要注意艺术性与功能性相结合，使就餐环境更加温馨和舒适。一般而言，餐厅的照明方式不是单一的，而是混合式的，以便于创造出有层次、有变化的照明环境。厨房是操作空间，照明设计要首先满足操作行为的功能需求。对于空间独立性不强的厨房，如开敞式厨房，其照明设计应与餐厅照明统筹考虑，以强调厨房与餐厅的关联性，但同时不能忽略操作区照明的重要性。

1. 一般照明设计

餐厅的一般照明是为了使空间的整体亮度足够，弱化和消除亮度差，构建干净、明亮的环境。对于有吊顶的餐厅，应安装一定数量的筒灯作为辅助照明。此外，空间较大的餐厅照度应高一些，以增加热烈的气氛；空间较小的餐厅照度可低一些，以营造优雅、亲切的就餐环境。

厨房的一般照明要保证充足的照度，以确保操作时的便捷与安全。厨房的一般照明宜选用的是显色性好的白炽灯光源，这样做饭时所看到的菜肴的颜色更加贴近其本色，能够较好地判断生熟。厨房灯具通常以吸顶灯和防雾筒灯为主，灯具要有保护罩，避免因水汽侵蚀而发生危险，以及因油烟的污染而难以清理。餐厅、厨房的照度常在 100～150lx 之间。

2. 局部照明设计

餐厅照明的重点是餐桌，因此，要对其进行局部照明设计。通常在餐桌上方悬挂具有一定高度的垂吊式灯具，以突出餐桌表面。同时，灯具距桌面常为0.8～1.2m左右。餐厅局部照明的光源多选用白炽灯，其显色性好，可增强菜肴的色泽度与鲜嫩感，从而增强用餐者的食欲，灯泡功率多为100W。

厨房的局部照明主要是对切菜、洗涤、烹饪等操作区域设置的照明，一般在操作台的上方、吊柜或抽油烟机的下方设置照明灯具。在吊柜装修制作时可在其下方设一个夹层，把灯具嵌入到夹层内，目前市场上的抽油烟机往往自带灯具以照亮烹调区域。

此外，开放式厨房通常会设置一个吧台，其上方应当安排艺术性的灯具给予单独照明。

图6-3为餐厅与厨房照明设计。白色吊顶有多个筒灯，避免角落过暗；左侧操作台有垂吊式灯具给予充分照明；右侧操作台上的吊柜下方亦嵌入了灯具照明；抽油烟机自带照明，方便烹饪；餐桌上方垂吊式灯具高度合理，照度适宜。

图6-3　餐厅与厨房照明设计

（四）卧室照明设计

卧室的主要功能是休息、睡眠，与其他空间之间保持着很强的界限，私密性强。卧室的照明应体现温馨感和舒适感，使人能够放松身心、安心入眠。因而，卧室整体上不需要特别明亮，以此形成柔和的照明氛围，并且设置局部照明为休息、睡眠之外的活动如阅读等提供照明，具体设计如下。

1. 一般照明设计

卧室的一般照明多采用吸顶灯、吊灯等顶部照明灯具。为了避免人们卧床休息时顶部光源直接进入人的视线内而产生眩光，应选用半直接型、半间接型或漫射型灯具，且不宜安装在卧床时人的头部正上方。此外，在有吊顶的卧室内，可以不设置主照明灯具，而是在吊顶内设置灯带来作为一般照明。

卧室一般照明光源以暖色调为主，且照度不宜过高，以营造安静、柔和的空间氛围，使人较易进入睡眠状态。此外，卧室的主光源建议采用单联双控开关，一处设在进门处，另一处设在床头附近，方便人们卧床时开灯或关灯。

2. 局部照明设计

卧室的局部照明通常在阅读时或夜间使用。为了方便人们在卧床时进行阅读，可在床头附近设置台灯、壁灯、吊灯或落地灯，光源以暖白色为宜，照度通常为150lx。

图6-4为卧室照明。

图6-4 吸顶灯提供环境照明，床头台灯方便阅读，整体为暖光

（五）书房照明设计

书房作为学习、思考、工作的空间，需要安静、简洁、明快的光环境，以帮助人们缓解精神压力、放松心情、提高工作效率。书房应尽量选择朝向好的房间，以便充分利用自然光源。书房的人工照明应遵循明亮、均匀、自然的设计原则，在布灯时要协调一般照明和局部照明的关系，注重整体光线的柔和、亮度的适中，避免形成过于强烈的明暗对比，使人眼在长时间的视觉工作中产生疲劳感。

1. 一般照明设计

书房的一般照明不宜过亮，照度为100lx左右即可，光线要柔和明亮，注意避免眩光。书房的一般照明可采用吸顶灯或吊灯作为主照明灯具，也可不设置主照明灯具，仅采用一定组织形式的反光灯槽、筒灯或射灯等作为环境照明。

2. 局部照明设计

局部照明与一般照明的照度差不应过大，以免形成明显的明暗对比，使人的视觉反复适应不同的明暗环境而产生视觉疲劳。局部照明需要考虑局部区域的功能性，结合人的具体活动和家具安排来设计，同时要避免眩光。局部照明一般用台灯或其他可任意调节方向的局部照明灯具，有时也可采用壁灯；安装的位置均为书桌的左上方，有利于阅读和写作等视觉工作。局部照明的照度为 300～500lx。书房中的局部照明也包括用于照射墙面挂画等陈设品或书橱内书籍及摆件的筒灯或导轨式照明。

图 6-5 为书房照明设计，大窗户提供充分自然光；上有灯带与筒灯照明整体空间，照度适宜，避免眩光；书桌上的台灯和沙发旁的落地灯方便阅读、写字等。

图 6-5　书桌使用台灯为局部照明灯具

（六）卫生间照明设计

卫生间具有洗浴、如厕、梳妆等功能，因此照明设计要考虑不同行为所需，通常采用一般照明与局部照明相结合的混合照明方式。由于卫生间属于湿环境，所以要有较高的照度水平，避免发生意外。

1. 一般照明设计

在卫生间中，灯具的位置安排要考虑人的活动位置和灯具位置的关系，

146

避免人的身前有较大的阴影，并且要以暖光源为主。此外，灯具不应在浴缸上方，以避免水蒸气，且防水性要好，一般吸顶安装或吸壁安装。卫生间是开关频繁的场所，所以适用40～60W的白炽灯，灯具玻璃可采用磨砂或乳白玻璃。

2. 局部照明设计

卫生间的局部照明主要针对洗手台和淋浴区而设。洗手台的照明设计比较多样，但以突出功能性为主，梳妆照明灯具多安装在镜子上方，在视野60°立体角以外，灯光多直接照到人的面部，而不应照向镜面，以免产生眩光。人在镜子里看到的自己是自己与镜面距离的两倍，所以对照度水平要求较高，对光色和显色性的要求也较高，因此，镜前灯多采用乳白玻璃罩的浸射型灯，通常为60W白炽灯泡（荧光灯为36W）。若在洗面盆上方装有镜子，可在镜子上方或一侧装设一盏全封闭罩式防潮灯具。淋浴区或浴缸的照明设计通常是在顶面设置浴霸，以营造温暖、舒适的沐浴环境（见图6-6）。

147

图6-6　吸顶灯、镜侧灯、浴霸配合，突出洗漱功能

三、居住空间照明设计案例

项目名称："这个灰色不太冷"住宅照明设计。

设计师：宁杰、周丁丁。

装修格调：黑、白、灰为主色调，搭配柔美的灰粉色，使空间优雅而内敛，充满温柔、浪漫的气息。

室内照明设计理念：利用灯光充分体现住宅简约、大方、时尚、柔美的风格。

（1）客厅

用玻璃推拉门将客厅与阳台隔开，阳台巨大的落地窗使自然光在白天充分地进入室内，为客厅提供了充足的照明，因此，客厅没有设置主照明灯具，而是用暗藏的灯带为空间提供了环境照明。同时，结合轨道射灯和落地灯的局部照明，满足了不同活动的照明需求（见图6-7）。

图 6-7　客厅的照明设计

（2）餐厅与厨房

开放式的厨房与餐厅相连，扩大了使用面积。餐厅和厨房的照明设计简单而大方，在餐桌上方采用造型独特的金属枝型吊灯，与金属支架座椅相呼应，完美地展现了现代简约的装修风格。厨房的面积不大，仅在烹饪区上方设置了灯带，供主人准备菜肴时使用。餐厅、厨房与客厅相连，必要时，使用客厅的环境照明也能为餐厅提供一定的光亮（见图6-8）。

图 6-8　餐厅的照明设计

（3）主卧室

延续客厅、餐厅的照明设计手法，主卧室依旧没有设置主照明灯具，而是在床头上方设置了灯带，为空间提供了柔和的光环境。同时，主卧室中的落地窗也为空间提供了充足的自然光照。

此外，在床头柜的两侧分别设置了吊灯和台灯，不对称式的灯具设计充满了时尚感，也为床头阅读提供了充足的照明（见图6-9）。

图6-9　卧室的照明设计

（4）卫生间和衣帽间

卫生间与衣帽间合为一体的设计，可以为出门前或沐浴后更换衣服提供很大的便利。用全透明玻璃将卫生间与衣帽间隔开，在视觉上扩大了空间的面积。同时，该空间内的一整面墙被设计成了落地窗，使空间更加通透、明亮。有了充足的自然光线，人工照明设计自然就简单一些。

卫生间采用干湿分离的设计形式，干区（马桶、洗漱池、浴缸）没有设置主照明灯具，而仅在洗漱台的镜子四周设置了一圈灯带，为使用者梳洗打扮提供充足的亮度。湿区（淋浴间）安装了浴霸，为淋浴提供了温暖、亮堂的光环境。

衣帽间在靠窗的一侧摆放了桌椅，在桌子上方安装了一盏金属长吊灯，作为空间内的局部照明。其余光亮均来自衣柜内侧的灯带。

图6-10为卫生间和衣帽间的照明设计。

图 6-10　卫生间和衣帽间的照明设计

第二节　办公空间照明设计

随着城市经济的发展，城市化进程的加快，以办公为功能的建筑蓬勃发展，高耸的写字楼成了城市一景，也成为人们工作的主要空间。因为现代科技飞速发展，工作使用的办公设备也不断更新和变化，现代办公模式也更加多样，因此，针对复杂功能空间的照明设计也在不断改进。办公空间是进行视觉作业的场所，其照明是为长时间的视觉作业提供功能照明。对于办公空间环境质量而言，照明是不可忽视的一部分，直接关系着办公人员能否正常工作以及工作效率和身心健康。所以，办公空间的照明设计既要满足工作面的照明需求，又要考虑整个室内空间光环境的舒适性，同时还要具有一定的美观性。

一、办公空间照明设计要点

不同的办公性质有着不同的照明要求，对办公空间工作性质的定位是照明设计的首要工作。因此，在进行具体设计前，要对办公空间的照明目的有充分的认识，明确办公空间的照明既要考虑视觉之需，又要兼顾照明效果对办公人员精神状态的影响。

（一）合理的照度水平

一般来说，办公空间应保持较高的照度，高照度的工作环境不仅可以满足长时间伏案工作的照明之需，而且能使空间宽敞、明亮，有利于提高办公人员的工作效率。

此外，照度水平的确定还应考虑不同的作业内容。通常情况下，对于进行一般作业的工作面，推荐照度为 750lx；对于精细作业环境，若因太阳光的影响而使室内较暗时，工作面的推荐照度为 1500lx。有时，为了延长产生视觉疲劳的时间和获得良好的心理感受，可以适当地提高照度。

表 6-2 给出了相对于工作面照度的周围环境的照度值。

表 6-2　相对于工作面照度的周围环境的照度值

工作面照度 /lx	周边环境照度 /lx
≥ 750	500
500	300
300	200
≤ 200	与工作面照度相同

注：照明均匀度（最小照度与平均照度值比）在工作面上是 0.7 时，工作面周围不应低于 0.5

（二）适宜的亮度分布

一般情况下，办公空间会在顶棚设置相对均匀的光源作为环境照明，为空间提供整体亮度。而工作区域的照明则是在环境照明的基础上，为精细作业提供所需的亮度。

此外，为了明确视觉中心，便于工作人员集中注意力，同时考虑到节约能源，通常会将工作区域照明和环境照明的亮度进行适当区分，并使环境照明亮度略低于工作区域的亮度。

（三）减少眩光现象

办公空间中的活动主要是视觉作业，因此必须避免眩光。对此，办公空间的照明设计需注意如下几点。

① 使用的灯具应当有保护角，也可以使用带格栅的灯具，或者建构构件遮挡光源。

② 灯具悬挂高度不能过低，一般灯具悬挂高度越高，形成眩光的概率越小。

③ 合理设置亮度分布。可以在墙面和天花板选取光反射比高的涂料或其他装饰面材料，从而在照度不变的情况下，提升整体亮度，以此避免眩光。此外，采用半直接型或漫射型灯具可提高顶棚的亮度，降低空间垂直方向上的亮度对比，从而达到适度抑制眩光的效果。

二、办公空间的分区照明设计

（一）集中办公空间照明

集中办公空间是指许多人共用的大面积办公空间。集中办公空间经常按部门或按工作性质进行划分，并借助办公家具或隔板分隔成小空间。根据集中办公空间的特点，照明设计应达到为工作面提供均匀照度和适宜亮度分布的要求。

通常情况下，集中办公空间的工作区域照度水平应在 500～1000lx 之间，照度均匀度应大于 0.8；应选择色温在 3500～4100K 之间的光源，且显色指数 R0 应大于 80。

集中办公空间照明通常包括一般照明和局部照明。一般照明主要为空间提供整体亮度，普通办公空间通常采用格栅灯或具有二次漫反射的专业办公照明灯具，其形式有嵌入式和悬吊式两种，光源通常采用荧光灯。高档集中办公空间还可以选择反光灯槽、发光顶棚等照明方式，更大限度地减少眩光。

集中办公空间的局部照明主要是对工作面的照明，而当一般照明能够满足工作面照度要求时，则无须设置局部照明。局部照明要求光线柔和、亮度适中，可选用悬吊式漫反射灯具或台灯等。

为了对办公区域和通行区域进行一定的空间界定，同时也为形成一定差别的光亮度，可以采取分区一般照明形式，使通行区域与办公区域有不同的亮度分布。一般来说，通行区域对眩光的要求可以适当降低，但要考虑灯具眩光对就近办公区的影响（见图 6-11）。

图6-11　工位上方分别有两侧遮挡式灯具，照度均匀，无眩光

（二）个人办公空间照明

个人办公空间是个人独自使用的独立办公空间，如经理办公室、主管办公室等，具有一定的抗干扰性和私密性。个人办公空间功能设置的差别应根据使用者的职务、企业性质、装修标准而定。通常情况下，应具有工作区和接待区（兼休息区），对于空间较大的个人办公室可另设休息区、休闲区等功能区域。

对于个人办公室来说，照明设计既要保证工作区域具有较高的照明质量，又要有一定的装饰效果和艺术氛围，个人办公空间照明主要强调整体照明的组织形式、各功能区域的照度设置、空间的整体亮度分布、照明灯具的光效果搭配及灯具的装饰性等问题。因此，个人办公空间通常采用混合照明方式。

一般来说，个人办公空间对一般照明的要求不高，通常会选择使用暖白色光源的筒灯，主要用于环境照明。局部照明是设计的重点，应针对不同的功能区别对待。

工作区域是办公室的主要区域，对照度、亮度分布、光源的显色性等都有较高的要求，同时，也要呈现出一定的美观效果。工作区域照明灯具的选择应根据装修风格、照明效果需要及使用者的审美而定，通常可采用发光顶棚、反光灯槽、吸顶灯、吊灯等两两结合的形式，使亮度均匀分布，减少眩光，同时还可获得丰富的视觉效果（图6-12）。

图 6-12　工作区域采用两种照明结合的方式

　　个人办公空间内的其他附属区域的照明设计比较灵活，可根据室内的整体装修风格和个人喜好而定，但要保证各区域之间的和谐。同时，灯具的选择及配光效果应区别于工作区域，侧重于营造休闲、舒适的氛围。

（三）会议空间照明

　　会议空间是工作人员进行交流、讨论、沟通和开会的空间。会议桌是会议空间的重点区域，因此，在进行照明设计时，应保证会议桌上的照度均匀，同时，要保证与会者的面部有足够的照度，使与会者相互之间能够看清对方的神情。会议桌周围的区域通常采用一般照明方式，起到环境照明和氛围营造的作用。

　　此外，还要注意会议空间中的视频、投影仪、黑板、展板等区域的照明。例如，会议室若设有视频系统，播放视频时需要在较低亮度的空间内才能达到清晰的效果，这便对参会人员记录工作造成不便，因此，通过对会议桌进行局部照明，既满足书写之需，又不会对视频播放效果产生很大影响（见图6-13）。

图 6-13　四周筒灯提供环境照明，会议桌上方筒灯提供重点照明

（四）公共区域照明

办公空间的公共区域包括入口、大厅、接待前台、等候区、休闲区、电梯间、楼梯间、走廊等。

公共区域既是不同区域之间的过渡空间，又是"窗口"空间。公共区域照明设计应符合相应的照明质量要求，同时还要对光环境进行一定的艺术处理，以展示企业的风格和性质。通常情况下，公共区域照明的总体照度水平应在150～300lx之间，为此，可选择色温在2700～6500K之间的光源，显色指数R0应大于80。

此外，由于公共空间通常还会进行一定的装饰，因此，灯具的形式和布光效果具有一定的复杂性，所以不强调照度的均匀性，但应注意避免空间亮度的明显变化使人的视觉产生不适。

总体而言，办公空间公共区域的照明方式较为灵活，灯具类型及布置方式有较大的选择空间，可根据区域的不同功能和装修风格进行合理设置（见图6-14）。

图6-14　等候休闲区照明

三、办公空间照明设计案例

（一）墨臣建筑设计事务所

墨臣建筑设计事务所位于北京一条古旧简朴的老街中，是一座20世纪80年代的灰色办公楼。为了保留原街道古旧的韵味，墨臣在原建筑的基础上，结合现代办公空间的需要，进行了空间改造。同时，对办公空间的光环境做了充分而细腻的设计，使人们在这里能够获得优质的视觉体验。

（1）入口和前厅

墨臣保留了原建筑的大门，并用具有朦胧效果的鱼鳞穿孔金属板做幕墙，沿着门洞内表面建造了一个新大门，与原大门相嵌。这种鱼鳞状的网眼既可以阻隔强烈的日光，同时又让阳光沿着一定的入射角度照进大厅，使大厅充满柔和的自然光线（见图6-15）。

经由幕墙到达门厅，右边是细长的水池，左边的功能区以休息和接待为主。水池上方悬挂着绿色布幔，水中排列着数组正方形的混凝土砌块，形成一座小桥。池中的混凝土砌块下镶嵌着 LED 防水灯，光从水中射出，在布幔上形成波光粼粼的效果，营造出典雅古朴的艺术氛围（见图6-16）。

图6-15　鱼鳞穿孔板做幕墙　　　　　图6-16　池块下有防水灯

（2）开敞式办公区

办公楼的2层至5层是开放的办公空间。"L"形的平面由办公区和非办公区组成，其中，办公区域开阔连贯，大面积的玻璃让这里拥有最好的天然光照明效果（见图6-17）。非办公区由休闲区、卫生间和储物柜等组成。

2层休闲区如同一间精致的茶室，几何形的小巧空间里有柔和的灯光、舒适的坐榻、悠扬的音乐和飘香的咖啡。灯光是营造氛围最重要的因素，因此，照明设计师把咖啡与糖融入灯具设计中，"糖块"是利用白色透光亚克力板和T5灯管制作而成的，简单又富有创意（见图6-18）。

图 6-17 大面积玻璃与人工光源　　图 6-18 休闲区的"糖块"灯具

5 层是创意办公空间，因为设计工作需要创意，所以这里的办公空间侧重于营造轻松、愉快、活跃的氛围。工作台为曲线形，为工作人员使用电脑或者书写、绘画时的胳膊提供依托，不仅符合人体工程学，也能够创造易于交流的环境。充满创新和艺术性的巨大的灯具与桌子相互协调，视觉上具备整体感，宛如巨大的荷花扎根于工作台，长到了天花板，灯具光源使用的是暖白色的荧光灯管。该照明设计不仅为空间提供充足的照度，更增添了无限的活力（见图 6-19）。

穿插在室内的玻璃悬桥连接着办公区和其他区域，使空间变得生动而丰富。照明设计师在地面及顶棚上采用高光照射，使得桥体通透灵动（见图 6-20）。

图 6-19 宛如莲花的巨型灯具　　　图 6-20 玻璃悬桥的上下照明

该办公室的照明灯具大都选用装修材料制作而成，价格低廉且满足了空间环境的使用功能、视觉效果及艺术构想。在这里，灯光不仅仅用于照明，设计师还希望通过光向每个人传递快乐、炙热、温柔等情感，使办公室宛如有生命般充满灵气。

（二）洛文吉尔·科恩公司的制片办公室

洛文吉尔·科恩公司是一家电视电影制作公司，其制片办公室是将自然光与灯光进行了完美结合的优秀案例（见图6-21）。办公室中拱形顶顶端的天窗和顶棚光槽里的投射灯共同展现出室内的空间，灯光设计师为进一步纵向和横向开拓室内空间，特别沿室内顶棚两边修了两条宽0.3m，深0.6m的暗槽，暗槽内装17盏150W的PAR38泛光灯，外罩奶白色的散光玻璃板，使灯光均匀地照射在墙上，形成一道连续的光带，显得室内空间更宽大。由于散光板装在顶棚平面以上20cm处，所以发光的暗槽又增加了室内边缘空间的高度。散光板装在暗槽一边的边槽中，维修灯具时只需将散光板斜向取下即可。

图6-21　制片办公室

（三）纽约美洲大道1155号办公楼大堂

这座获得美国LEED绿色建筑认证系统认证的办公楼的大堂，经过灯光设计之后，营造出一个宏伟而温馨的空间。

3层楼高的巨大玻璃墙展示了一系列垂直倾斜的面板。安装在面板边缘的超薄 LED 灯具照亮了内部面板与其相邻的面板。这个垂直的拱形细节继续延伸，形成了大堂天花板，统一了构图，并提供了环境光（见图 6-22）。

　　背面照明的蓝色玻璃接待台的交错面板图案与天花板的设计相呼应。发光的白色玻璃构成了办公桌的背景。周边的线性光柔和地照亮了木墙，而重点灯则突出了艺术品。温暖的光将人们引导到电梯大厅（见图 6-23）。

图 6-22　大堂环境照明　　　　　　　图 6-23　接待处照明

　　木质电梯大堂采用方形孔径洗墙灯照明，与主大堂的白色表面和周围闪闪发光的墙壁形成鲜明对比。光线折射树脂面板的边缘照明，创造了环绕大厅的闪闪发光的外墙。天花板强调了边缘照明的倾斜面板主题。灯光揭示了倾斜的形式，突出了材料的多样性，并欢迎和引导人们穿过大堂（见图 6-24）。

图 6-24　电梯大堂照明

第三节　商业空间照明设计

在现代商业空间中，照明设计对整体空间的效果展示起着越来越重要的作用，同时潜移默化地影响着消费者的视觉和心理。商业空间的照明主要作用在于衬托整体形象、突出购物消费的性质，形成个性化消费空间、营造商业氛围，激发消费者的消费冲动、优化空间感及吸引顾客注意力等。为了创建满足消费者需求的照明环境，商业空间照明设计需要解决照度标准、光源分布、灯具的形态与光色等一系列问题。下面将了解商业空间的照明方式和各分区的照明设计。

一、商业空间的照明方式

商业空间是指专门从事商品或服务交换活动的营利性空间。商业空间的种类很多，包括百货商场、商业步行街、服装店、餐厅、娱乐场所等。这里主要针对百货商场的照明方式进行分析。

商业空间的照明方式通常分为一般照明、分区一般照明、重点照明、装饰照明和事故照明五种。不同的照明方式具有不同的特点，在商业空间照明设计中要综合使用各种照明方式，以打造丰富多彩的空间环境。

（一）一般照明

一般照明是对商场整体空间的亮度照明，常采用漫射照明或间接照明形式，其光线均匀明亮，没有明显的阴影，无突出重点。

（二）分区一般照明

在商业空间中，因内部性质的不同，将整体空间分割成了不同的区域，而对各个区域的照明设计即为分区一般照明。不同区域对照明有不同的需求，如运动店的照明应体现活力、动感的气氛；童装店的照明应体现可爱、活泼的气氛。

（三）重点照明

重点照明是为了强调特定目标和空间而采用的高亮度定向照明方式。其目的是突出重点商品，提高商品的注目度和质感，以增强顾客的购买欲。

在明确重点照明的照度水平时，要结合空间实际，综合考虑商品的形态、色彩、大小、展示方式等，还要协调于空间内的一般照明，照度应当是一般照明的 3～6 倍。为了真实地反映商品的颜色，应采用显色指数高的光源。

（四）装饰照明

装饰照明体现商场的整体形象，它能美化空间，是一种观赏照明，多用于大型商场的路径汇合点、自动扶梯附近及商场中心公共场所等处。装饰照明常采用装饰性强、外形美观的照明灯具，也可以通过在界面上进行图形布置或灯具的排列组合等形式呈现，其主要目的是活跃空间气氛，加深顾客印象。

装饰照明是独立的照明手段，不同于基本照明和重点照明，其主要作用是形成优美的光环境，营造独特的环境气氛，因此，装饰照明不可代替基本照明和重点照明。

161

二、分区空间的照明设计

（一）入口及过渡空间照明

入口是引导顾客进、出商场的主要空间，因此，要保证入口有较大的空间和足够的亮度，以便顾客能够快速进入或离开商场。商场的过渡空间是连接室内外的主要空间，通常采用一般照明与装饰照明相结合的形式，通过独特的灯具布置方式，提升商场的形象（见图 6-25）。

图 6-25　商场入口过渡的装饰照明

对于商场内的各个商店而言，入口是给顾客留下第一印象的重要空间，也是展示商店性质及风格的主要场所。通常，商店入口的照度应比室内平均照度高一些，光线要更聚集一些，以快速吸引顾客的目光。同时，色温应与室内相协调，以保持整体风格的统一。

（二）橱窗照明

橱窗的作用在于展示重点产品，一定程度上代表着店铺的形象和气质，能够体现出商品的类型、档次和风格。以陈列品布置、灯光设计和其他装饰，吸引顾客视线，激发顾客的消费兴趣。

通常，橱窗照明采用一般照明和局部照明相结合的照明方式，以准确体现商品的特点，营造强烈的视觉冲击。

1.一般照明设计

橱窗一般照明的亮度要适宜，以形成柔和的光环境，同时也要有较高的照度水平，以达到突出、醒目的效果。橱窗照度一般是店内营业平均照度的2～4倍。位于商业中心的商店的橱窗内照度可以是1 000～2 000lx，而远离这一中心的商店的橱窗内照度则可以是500～1 000lx 左右。橱窗照明在白天应防止橱窗产生镜像，可采用下光灯具照明，灯具可以是漫射型也可以带有遮光板；当灯具在橱窗顶部距地面大于3m 时，灯具的遮光角宜小于30°，低于3m 时灯具的遮光角宜大于45°。

2.局部照明设计

橱窗的局部照明是对商品的重点照明，通常选用高照度的聚光灯（如射灯）提供定向照明，以突出体现商品的质感、色彩，塑造商品的立体感（见图6-26）。此外，商业空间橱窗照明还应考虑不同性质、不同材质商品的特殊性，以及商店所要营造的特殊氛围（如圣诞节、情人节、店庆活动等节日），从而进行有针对性的布光设置。

图 6-26　橱窗的局部照明

（三）销售空间照明

销售空间的照明要根据所经营的商品种类、营销方式及相应的环境要求等因素综合考虑。通常，经营种类和营销方式的不同决定了照明质量的差异。例如，以经营服装、鞋帽、化妆品、金银珠宝等商品为主的销售空间，对照明质量有较高的要求，旨在通过丰富的灯光效果提高空间的档次，使商品看起来更有价值。而以经营家用电器、日用百货、新鲜货物为主的销售空间，照明设计无须过多地进行气氛渲染，仅保持空间的清爽、明亮即可。但对于新鲜货物区的照明来说，其光源应具备较高的显色性，以提高货品的新鲜度。

下面以服饰类销售空间为例，对其照明方式进行讲解。服饰类销售空间常采用混合照明的方式，以突出展示不同商品的特点，方便消费者选购。

1. 一般照明设计

销售空间的一般照明要保证均匀的照度和适宜的亮度分布，通常情况下，照度为300~500lx。对低、中档商场来说，一般照明可采用格栅灯、筒灯等照明灯具或其他漫射型专业商用照明灯具，其安装方式以嵌入式为主；高档商场可采用增设反光灯槽、发光顶棚等建筑化照明手段，结合独特的天花造型，取得更好的照明效果。

2. 局部照明设计

销售空间中的局部照明主要是对陈列柜、陈列台、陈列架上的商品进行局部照明设计。局部照明既要凸显商品的品质，又要营造高雅的环境氛围，通过增强空间的层次感，提升商店的档次。局部照明要具有美化商品的作用，通常要求较高的照度和较好的显色性。

陈列照明要有较好的水平照度，同时也要保证良好的垂直照度。陈列照明的方式可分为以下几种。

①顶部照明。即在上层隔板底部设置照明，通常采用线式光源。对于选择不透明材质做隔板的展示柜来说，需要进行分层照明；对于使用透明材质做隔板的展示柜而言，应考虑光影对下层商品展示效果的影响。

②角部照明。指的是对柜子内部拐角的照明，在此处安装灯具。所使用的灯具需带有合适的灯罩，以免光线直接刺激到顾客的视觉。

③混合照明。对于较高的商品陈列柜，仅采用一种照明方式往往不能满足照度要求，因此需要同时采用多种照明方式。例如，仅在陈列柜上部用泛

163

光灯照明，会导致陈列柜下部光线较暗，需要设置聚光灯，为下部提供照明，保证陈列柜的整体亮度。

④ 外部照明。当陈列柜不便装设照明灯具时，可在顶棚上安装吊灯等下投式照明灯具。在进行外部照明设计时，应当综合考虑陈列柜的高度、灯具的悬挂高度、顾客的位置，基于此明确下投式灯具的悬挂高度和照射方向，避免强烈的反射光给顾客带来视觉不适，而难以看清商品。

简易结构的陈列架通常在顶棚设置下投光定向照明灯具来实现局部照明。根据展示内容的不同，可采用均匀布光的形式（见图 6-27），也可采用重点布光的方式。

图 6-27 陈列架采取均匀布光形式

销售区的局部照明需要较高的照度，通常为一般照明照度的 2~5 倍，宜选择色温在 3 000~4 000K 之间的光源，显色指数 R0 应大于 80° 但由于局部照明灯具的安装位置与人的距离较小，所以很容易产生眩光。因此，在布置灯具时应考虑对眩光的控制，如采用遮光角大的灯具等。

（四）收银区照明

通常，收银区的照明设计要与一般照明有所区别，尤其是对于采用分散付款的大型商场来说，除了要有明显的引导标识之外，更应在照明设计上予以强调，使收银区从交错纵横的货柜中凸显出来，为消费者提供便利。

商店内的收银区要强调视觉的导向性，应适当提高照度，或采用与周边不同的照明方式，或选用不同造型的灯具（见图 6-28）。收银区的照明一般要求照度为 500~1 000lx，光源色温为 4 000~6 000K，显色指数 R0 应大于 80。

图 6-28 收银区灯具为醒目的吊灯

三、商业空间照明设计案例

（一）卡斯特纳奥勒百货公司

奥地利格拉茨的百货公司——卡斯特纳奥勒，一直被称为"顾客的天堂"。该商场的照明设计理念以"减少装置和光线的数量，注重运用可以自由组合的各种照明布局"为原则，使每一盏灯都得到恰当的使用，照明设计兼顾每一件商品，并展示出它们最好的一面。

该商场照明设计以金卤灯为主要光源，以强调百货公司的华丽、壮观；部分天花板采用荧光灯；LED 光源只用于特殊设计的展示区域，以突出强调展品的特点。

商场内的每一个"场景区域"（品牌店内的陈列展示区）都被光线突出展示，远远地就能看见。每个品牌店内的灯光设计都与品牌风格完美融合，让顾客在每家店内都能享受独特的购物体验。

图 6-29 至图 6-31 为卡斯特纳奥勒百货公司的照明实例。

图 6-29 一层年轻时装部局部实景

图 6-30　二层女装部实景图

166

图 6-31　三层男装部实景图

（二）成都七一国际广场

成都七一国际广场位于成都市新都区金光路与蓉都大道交叉口，占地近 4 0000m²，建筑总面积近 45 0000m² 是集购物、娱乐、住宅、酒店、办公、游乐街区为一体的大型商业综合体。

在成都，蜀锦一直是其最重要的一张名片。"织回文之重锦，艳倾国之丽质"，蜀锦有着妙不可言的外观和质感。它的颜色、图案，它的晶莹剔透造就了其梦幻的外表。室内设计师以蜀锦为设计灵感，带给消费者一种绚丽和时尚的体验。在室内灯光上选择了整体色温以 3000K 为主，营造出温馨、休闲、放松的环境。风格以柔美、流动、连贯、层次为主题，同时烘托出一种时尚的购物氛围（见图 6-32）。

整个室内的中庭、连廊设计充满了弧线的柔美，设计师希望顾客在购物的同时可以感受到丝带飘动的感觉，所以采用的 3000K 的灯带去勾勒室内蜀锦概念的弧形造型。站在主中庭中央抬头仰望，可以看到一层一层的飘带及灯带光晕，营造出醉人的层次感（见图 6-33）。

在设计功能性照明时，设计师在思考一个问题，如何让筒灯的布置方法既能追随蜀锦的造型，又能打破传统均匀的布置方法。考虑再三设计了将灯具以成组的形式布置，每组三个灯具。灯与灯、组与组，完美契合蜀锦造型的同时，又给人以灵动的感觉（见图 6-33）。

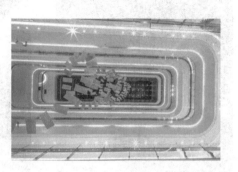

图 6-32　灯光布置流动连贯　　　图 6-33　弧形的层次感灯带

（三）庐瑜伽

在快节奏的现代生活中，瑜伽成为都市人放松身心、增进健康的良好方式，其主要以体位法、呼吸法和冥想法来调节人的生理、心理和精神。整体灯光上强调柔和、静谧的感觉，一般灯光照度保持在 100～200XL 之间，营造健康、舒适的整体氛围（见图 6-34）。

更衣室整体空间以实用性、舒适性为主，美观性为辅，灯光分布均匀，暖色调射灯和线性灯带作为基础照明，让顾客能在这个空间整理好自己的形象（见图 6-35）。

图 6-34　入口处灯光柔和、静谧　　　图 6-35　更衣室灯光均匀、舒适

瑜伽室天花板采用漫射光结合线性灯槽的间接照明方式提供舒适、柔和的光环境，减少眩光给人眼带来的不适（见图 6-36）。

过道隔断立面使用半透玻璃与洗墙灯相结合的手法，使教室里外透光，营造安静的锻炼环境（见图 6-37）。

图 6-36　漫射光与线性灯槽　　　　图 6-37 半透玻璃与洗墙灯

第四节　酒店空间照明设计

我国国家标准《旅游饭店星级的划分与评定》（GB/T14308—2010）给出了旅游饭店的标准定义：旅游饭店是以间（套）夜为单位出租客房，以住宿服务为主，并提供商务、会议、休闲、度假等相应服务的住宿设施。按不同习惯也被称为宾馆、酒店、旅馆、旅社、宾舍、度假村、俱乐部、大厦、中心等。作为旅游服务支柱的旅游饭店，应提供良好的环境和周到的服务。其中，良好的环境除了要有优秀的室内装修外，舒适的照明设计也发挥着重要的作用。下面将了解酒店空间的照明设计要点和各功能空间的照明设计。

一、酒店空间照明设计要点

酒店空间的照明设计主要考虑两个方面：一方面要考虑不同功能区的实际需求，从而采取合适的技术手段；另一方面要考虑酒店的风格、特色，从而进行情感化、艺术化的设计。两相结合创造舒适、高级、安全的环境，以便使顾客获得身心双重愉悦体验。

（一）准确的设计定位

因为酒店要满足住客的多样化需求，其功能区十分多样和复杂，所以在照明设计中，首要的就是全方位地了解和掌握其内部功能区的划分和布局，分析其具体功能和空间组织形式，将不同功能区进一步细化，基于此做出针对性、个性化的照明设计。然后，结合装修风格，预设各种布光方法的照明效果，形成与酒店的风格和氛围相协调的照明设计方案。

（二）人性化的光环境

酒店空间的光环境主要是为人服务的，因此，照明设计要人性化。酒店空间照明设计的人性化主要表现在合理的照度设置、适宜的亮度分布及适度的氛围渲染三个方面。

照度设置的合理程度取决于照明设计师对功能的准确定位。为了更好地把握功能分区的照度设置，应当准确地把握酒店的空间特点和各个功能的照明要求、国家标准。基于此，全方位地分析各个空间环境，以确定合理的照度值。

亮度分布应当与人的生理和心理活动相适应，既不能过于不均匀，这会导致视觉不适；也不能过于均匀，这会导致空间没有主次，缺乏趣味。所以，在照明设计中，应当将单一空间作为突破口和入手点，全面分析其内部界面、物体表面等的光反射特性、物体之间的空间关系、人群密度，对亮度分布进行优化设计，使其相对均匀分布，满足设计标准的同时带有变化性。

适度的氛围渲染主要依靠装饰性照明，需结合具体空间所对应的氛围做出个性化设计，并且对于功能性突出的空间，渲染氛围和满足功能需求要相协调，过分渲染氛围将会影响空间功能的发挥。

二、功能空间的照明设计

（一）入口、门厅照明

入口是人们进入酒店的引导空间。在入口的照明设计中，需结合空间特点和作用，一般要求充分的照明和适当的装饰效果（见图6-38）。入口的一般照明主要通过顶部照明实现，如将直接型灯具均匀地布置在顶面或采用发光顶棚，也可以根据需要与壁灯、洗墙灯等配合使用。

图 6-38　成都希尔顿别具一格的入口照明

　　入口的局部照明主要是在雨棚、入口车道的顶棚及其他必要位置设置灯具，宜选择色温低、色彩丰富、显色性好的光源，以增加入口的温馨感和亲切感，有效避免顾客进入室内后因光线突变而产生视觉不适。为使顾客的眼睛能够适应亮度变化，照明强度应该逐步增加，从入口至门厅为200lx，然后到服务台上部集中照明处为400lx。灯具可为槽形灯、星点灯、吸顶灯、枝形花灯、庭院灯等，要求与建筑形式及室内设计风格统一、协调。

　　门厅是室外与室内的过渡空间，是给客人留下第一印象的重要空间，从装修风格到照明设计，都要与酒店的整体风格及定位相统一。由于门厅仅仅是过渡空间，客人只会在此短暂停留，且常与主厅、大堂等重要空间连接在一起，因此，门厅的照明设计应简洁明快，灯具的选择及布灯方式也应简单大方。

（二）大堂照明

　　大堂是体现酒店档次和品位的重要空间之一。大堂往往集多种服务功能于一体，如接待服务区、大堂护理区、休息会客区、大堂咖啡座与酒吧等消费区、垂直交通空间（电梯和楼梯）等。多功能的特性要求其照明同样多变和多样，不仅需适应于总体和局部的功能性，还需渲染环境氛围；不仅需满足顾客需求，还要保证提供便利的服务；不仅需结合多种功能区做出差异化设计，还需使照明与空间在整体上协调。一般来说，大堂照明采用一般照明、分区一般照明和局部照明相结合的方式。

1. 一般照明设计

　　大堂的一般照明是对空间公共区域的环境照明，照度通常为150～250lx，主要选用暖光源，并且结合具体的风格和各种空间因素，合理地调整照度和色温。

大堂的一般照明通常以顶部供光方式为主，常用灯具有筒灯、斗胆灯、支架灯、吸顶灯、吊灯等。灯具的组织形式非常灵活，可以根据大堂的整体装修风格及想要呈现的效果而定。

此外，利用体量适中、形态优美的灯具作为大堂的主体照明灯具，可形成空间中心和视觉焦点，从而起到装饰空间和烘托气氛的作用（见图 6-39）。

图 6-39　体量适中、形态优美的吊灯

2. 分区一般照明设计

分区一般照明并非完全一致，而是结合各个分区的特点做出个性化设计，酒店大堂的分区主要包括接待服务区、休息待客区、大堂吧等。

大堂空间中的主要功能区为接待服务区，其功能为办理入住、退房手续和为住客提供业务咨询等。其突出的功能决定了该区域的照度要高于整体空间的一般照度水平，使其能够成为视觉的焦点，引导客人快速找到服务区域。

接待服务区通常以服务台的形式呈现，其照明设计要求服务台表面的亮度要适宜，能够满足人们进行阅读及文字书写，同时要求提供较高的垂直照度水平，以及较好的显色性，为服务员和顾客的交流提供便利。

休息待客区的主要功能在于为顾客提供短暂休息和社交的设施、场所，其环境应当是安静、整洁、轻松、舒适的，所以照明设计应简洁、明快，常采用混合照明的方式。光源宜选择暖色调，以营造温馨、恬静的氛围，使客人放松。

大堂吧是为客人提供酒水、饮料的消费区域，应充满优雅和浪漫的情调。因此，照明设计要具有一定的装饰性，通过丰富的组织形式，塑造或朦胧含蓄、或高贵雅致、或愉悦轻松的环境氛围。大堂吧的灯具选择范围较为广泛，嵌入式、吸顶式、吊灯及各种间接照明手段皆可，但照度不宜过高，光源宜选用暖色调（见图 6-40）。

图 6-40　大堂吧照明营造雅致舒适环境

3. 局部照明设计

对于大堂内的一些服务设施，如银行自动取款机、自动售货机、展示柜等可采用局部照明的方式。在设置灯具时既要突出区域感，又要注意避免产生眩光。另外，对大堂的装饰墙面、陈设品、植物摆件等的照明也通常采用局部照明方式，同时兼具装饰照明的作用（见图 6-41）。

图 6-41　大堂前台与背后的浮雕墙面局部照明

（三）走廊、楼梯间、电梯间照明

1. 走廊

酒店客房部的走廊大多是内走廊，距离很长，且两边都是房间，缺乏自然光线，因此，白天和夜晚都要通过人工照明来保持光亮。酒店的走廊照明多采用建筑化照明（如发光顶棚、反光灯槽等）吸顶或嵌顶灯具、壁灯等（见图6-42）。走廊照明的照度通常为15～30lx，灯具的光源可选用荧光灯、白炽灯和节能灯等。

图6-42　客房走廊采取筒灯、壁灯等多种形式的灯具

173

　　酒店走廊应装置应急灯和疏散指示灯。疏散指示灯一般是指向转弯的出口、疏散楼梯或疏散出口，应装在墙上，高度为1.8～2.0m，使人一抬头就可以看到。也可以将应急灯与疏散指示灯结合在一起。此外，有不少酒店会在走廊和楼梯，特别是通往安全门的部位设置长明灯。

　　2. 楼梯间

　　楼梯间照明通常选择漫射型吸顶灯，对于回转楼梯，可在回转处安装吸顶灯或壁灯。至于楼梯平台灯的光源，以采用能瞬时启动的白炽灯为宜，灯具形式以乳白罩较好。楼梯平台照度为10～15lx（见图6-43）。

图6-43　酒店楼梯平台

3. 电梯间

电梯间是人员走动频繁的地方，一般照度设置为75～150lx，采用吸顶有罩荧光灯具为宜，也可以采用筒灯、壁灯、荧光灯槽、装饰性较强的组合灯等。应有单独的照明控制开关，可以就地控制，也可以在服务台集中控制，中高档酒店多采用智能照明控制系统。各层电梯间的照明灯具形式应统一（见图6-44）。

图6-44 酒店电梯间照明

（四）客房照明

酒店的客房大都设有标准双床间、标准单床间、双套间、三套间和豪华总统套间等。客房照明要满足一定的使用功能，且要方便控制。

客房入口一般采用顶部照明方式，多利用数个筒灯照亮入口过道，以使顾客快速熟悉房间构造。

客房内的照明主要有床头照明、台面照明、休息区照明和卫生间照明。客房内可以不设置主照明灯具，而通过局部照明方式提供光亮，使客房内充满温暖、安逸的气氛。

床头照明主要为阅读提供充足的光线，但要注意灯具的照射角度应达到不干扰同房间其他客人休息的要求（见图6-45）。如果床头采用壁灯，其安装高度应略高于端坐在床上时人的头部高度。

图 6-45　酒店客房的床头照明

　　休息区照明多采用可移动式落地灯或在窗帘盒内设置照明光源，以便客人在待客、交谈时使用。

　　台面照明主要是指写字桌上的台灯或化妆台的镜前灯。台面照明要有充足的照度，以供客人书写、化妆等精细工作时使用。同时，灯具的款式应美观大方，且要符合空间的装修风格，以作为装饰灯具点缀空间。

　　客房内的卫生间常用吸顶灯或嵌入式筒灯为空间提供一般照明，同时，要在洗漱台镜面的上方或两侧设置局部照明，以供客人梳洗使用。卫生间的照明要有良好的显色性及较高的照度，同时，应采用防水、防潮灯具。

　　表 6-3 列出了客房各区域可采用的灯具类型及要求。

表 6-3　客房灯具类型及要求

部位	灯具类型	要求
过道	嵌入式筒灯或吸顶灯	—
床头	台灯、壁灯、导轨灯、射灯、筒灯	
梳妆台	壁灯、筒灯	灯具应安装在镜子上方并与梳妆台配套制作
写字台	台灯、壁灯	—
会客区	落地灯	灯具应设在沙发、茶几处，由插座供电
窗帘	窗帘盒灯	模仿自然光的效果，夜晚从远处看起到泛光照明的作用
壁柜	壁柜灯	设在壁柜内，将灯开关设在门上，门开则灯亮，门关则灯灭，且应有防火措施

部位		灯具类型	要求
地面		地脚夜灯	安装在床头柜的下部或者进口小过道墙面底部，供夜间活动用
天花		—	通常不设顶灯
卫生间	顶部	吸顶灯或嵌入式筒灯	采用防水防潮灯具
	局部	荧光灯或筒灯	显色指数要大于80，采用防水防潮灯具。

　　值得注意的是，与其他功能区不同，客房的照明由住客控制，而非酒店服务人员。因此，一般为集中控制方式，并且安装在房门或者床头位置，并且特殊部位的照明须为双控开关，以此便于客人操作。

（五）餐厅照明

　　酒店的餐厅通常分为中餐厅、西餐厅、风味餐厅、宴会厅和包间等。餐厅照明应根据酒店的风格特点、地域特色进行设计。餐厅内的灯具不仅为空间提供充足的亮度，而且具有装饰空间的作用。餐厅照明的主要对象是菜肴，因此，照明设计对光源的显色性要求较高，显色指数R0通常应大于80，以提高菜肴的观感效果。

　　1. 一般照明设计

　　餐厅的一般照明要使整个空间具有适宜的照度，以保证客人正常就餐。通常情况下，西餐厅和风味餐厅比中餐厅的照度低，中餐厅的照度比宴会厅的照度低。一般来说，西餐厅和风味餐厅的照度为100lx左右，中餐厅的照度为200lx左右，宴会厅的照度为300lx左右。

　　餐厅的一般照明以顶部照明为主，相比之下，中餐厅和宴会厅的空间和座位的组织较为复杂，它们的照明设计要着重采取直接、间接结合的照明方式，一般对称布置灯具，同时带有变化，从而形成有层次的照明环境，营造出大气、华丽的环境氛围。西餐厅、风味餐厅较注重光源的形式感（如点、线、面光源相结合的形式），常采用混合照明的形式，以突出空间的优雅感、高贵感或地方特色。

　　餐厅的一般照明多采用筒灯、反光灯槽、发光顶棚、吸顶灯、吊灯等漫射型灯具。通常将主体灯具作为空间的主要装饰元素，以体现餐厅的独特风格，如中餐厅选用中国古代的宫灯或具有中国特色的吊灯，以显示东方情调（见图6-46）。

图 6-46 筒灯、吊灯、壁灯、射灯结合，营造复古雅致情调

2. 局部照明设计

餐厅的局部照明主要是指餐桌照明以及对装饰画、陈设品、景观小品的重点照明。对于包间而言，通常在餐桌上方设置主灯，以重点照亮桌面上的菜肴，使其显得更加新鲜、美味。同时，也能照亮用餐者的面部，方便用餐者相互交流，但要注意避免眩光。

（六）健身场所照明设计

通常，高档酒店内大多都设有健身场所，如游泳池、健身房等，这些场所是供客人休闲娱乐、放松身心的空间。健身场所的照明环境以舒适为主，应尽可能避免过高照度给人带来的紧张感或者过低照度给人带来的压抑感。一般来说，照度为 50～70lx 较为适宜（见图 6-47）。

图 6-47 游泳池照明舒缓

三、酒店空间照明设计案例

（一）阳澄湖费尔蒙酒店

阳澄湖费尔蒙酒店坐落于秀丽的昆山阳澄湖畔，酒店建筑高7层（不包括地下2层），外观为巨大的弧形，这样的结构特点使得酒店的每间客房都能观赏到阳澄湖的全景。该酒店的主要公共区域基本分布在1层及地下1层，2层以上均为客房，共有202间。

费尔蒙酒店的灯光设计充分考虑了酒店的氛围及当地文化特色，将大量当地文化元素以抽象或具象的方式呈现，在保证其照明功能的同时，充分发挥了其装饰作用。

费尔蒙酒店内的空间众多，需要针对每一空间的特点进行照明设计，从而在满足客人基本需求的同时让客人加深对酒店的印象。

酒店大堂的主体照明灯具是以"芦苇"为设计理念的水晶玻璃吊灯，玻璃天花吊灯的正下方是一组水晶玻璃水景。天花、水景，光在其中，营造出闪烁、梦幻的灯光景象（见图6-48）。

图6-48　费尔蒙酒店大堂

水疗区的顶面用透明光纤制造出点点繁星效果，配合水面反射的光影，营造出湖边夜景的静谧感。另外，"竹子"造型的灯具赋予水疗区江南水乡的诗情画意。"竹"造型为空心结构，其中暗藏线性LED灯，散发出淡淡的绿光。

图6-49至图6-51是费尔蒙酒店其他空间的照明设计。

图 6-49　费尔蒙酒店客房

图 6-50　费尔蒙酒店露天餐厅

图 6-51　费尔蒙酒店走廊

（二）惠州佳兆业万怡酒店

入口雨棚：井然有序的欧式装饰结构通过间接柔和的暗藏暖色灯光展现

得淋漓尽致，多层次的光影效果满足了功能性和艺术性的照明需求，中间的重点照明灯光，使空间层次更分明，同时提供指引性，漫步其中，让人对入住体验充满期待（见图 6-52）。

大堂吧：艺术造型水晶灯、错落有致的暗藏灯光，配合精致的装饰，为客人营造一个高贵、优雅的用餐氛围，而在卡座用餐区，为了避免天花安装灯具破坏整体装饰效果，采用精致的台灯提供桌面重点照明，既满足了功能性照明需求，同时通过灯光划分私密，且高显色性的灯光充分展现了食物的新鲜（见图 6-53）。

图 6-52　入口雨棚照明

图 6-53　大堂吧照明

游泳馆：功能性和装饰性灯具与波浪形造型天花板相融合，巧妙而富有节奏感，漫射型灯光较好地控制了眩光，同时避免了水面反射和折射灯光，在高品质的灯光映衬下，水面干净清澈，在这里，身心的疲惫可以得到最大的放松（见图6-54）。

客房：客房是酒店的核心区，客房的舒适度不仅取决于高标准的选材装饰，优质舒适的光环境更是酒店吸引客人的关键。采用同系列的薄边设计灯具，小巧精致，深嵌于天花内，可以较好地控制光线走向，避免眩光，给客人一个温雅舒适的灯光环境，让客人有宾至如归的感觉（见图6-55）。

图6-54　游泳馆照明　　　　　　　　图6-55　客房照明

（三）艾默尔温泉酒店

艾默尔温泉酒店位于兰河河畔。酒店一体化且细致的灯光设计，有效地为建筑的各种空间布置营造了场景。

灯光设计概念精心地整合营造出舒适且温馨的室内氛围。此外，使用线性灯光强调立面的夜间外观，通过垂直照明展现另样的诱人姿态。

酒店的大部分照明都配备了"暖调"功能，尤其是在晚上，为客人营造温暖舒适的氛围（见图6-56）。

酒店餐厅专为聚会和社交而设计，体现了私密性和私密性。为了实现适当的分区，使用黑色声学木羊毛天花板上的可旋转筒灯照亮空间。

筒灯由蜂窝状百叶窗遮挡，因此可以不显眼地融入天花板。此外，圆形凹入式天花板和周围的灯具巧妙地分布在座位组上方，与华丽的金色天花板相映成趣（见图6-57）。

图 6-56　暖色灯光　　　　　　　　　图 6-57 餐厅照明

　　酒店客房以其简约而灵活的照明给人留下深刻印象。客人可以独立且单独控制各种照明元件，从而创造个人舒适感。床头的家具集成灯光线沿着木板条创造出温暖的间接光，并为房间提供柔和的环境照明。床两侧的阅读灯作为补充，也集成在床头柜上方的家具中（见图 6-58）。

图 6-58　客房照明

　　酒店的一个特色是空中休息室及其相邻的宽敞户外区域。其中，环境照明和家具都是通过无眩光轨道安装聚光灯强调的。它们可单独调节，具有高度的灵活性，同时不显眼地集成到彩色线的跨度天花板中（见图 6-59）。落地灯和吊灯的组合，在灯具色调中也采用了天花板的"线"设计，与环境氛围和谐地融为一体，与整体概念相得益彰。

　　除了酒店各个空间的环境功能照明外，楼梯间还受益于和谐的灯光设计。沿着建筑核心的天花板海湾为走廊区域明确了方向，此外还辅以筒灯，以引导客人舒适地穿过酒店（见图 6-60）。

图 6-59　灵活的聚光灯　　　图 6-60　楼梯间的筒灯

第五节　餐饮空间照明设计

随着社会经济的发展，餐饮行业迅速崛起，在快节奏的现代生活中，人们不仅会在空闲时和朋友到餐厅聚餐，工作日也会为了方便而到餐厅吃饭。照明是餐饮空间的重要元素，影响着食物的色泽和顾客的味觉和食欲，优秀的照明设计能够让食物在视觉上更加诱人，激起顾客的食欲和味觉，营造出舒适的就餐环境，关系着餐厅的定位和经营状况。下面将了解餐饮空间的照明方式。

一、餐饮空间照明设计要点

餐饮空间中，照明的效果是其他设计不可取代的，好的照明设计能够遮盖其他设计的缺点；不适宜的照明设计也会掩盖其他设计的优点。菜肴的评价标准为色、香、味、形，引人胃口大开的色泽需要依靠合理的照明设计来实现。因而，餐饮空间的照明设计，要充分考虑到就餐氛围，并结合餐厅的菜系、档次和风格进行。

（一）调光综合性能表与照度标准

1.调光综合性能表

根据调光综合性能表，可以了解餐饮空间照明设计过程的主要内容（见表 6-4 ）。

表6-4　调光综合性能表

	参考内容
照度	根据不同餐厅或酒吧的设计风格调整 进餐区和非进餐区的亮度比为 3：1
光源	适合低色温光源，营造舒适温馨的光环境和诱人的餐品 光源的显色指数在 50～70
照明方式	在进餐区，避免向上的直接照明方式在顾客脸上形成诡异的阴影 进餐区的桌面的照明以光束角较小的集中照明为主，以免光线影响到其他桌面
灯具	灯具的设计风格与餐厅室内设计风格统一
眩光限制	进餐区，避免使用光线向上的直接照明，防止直射眩光产生 环境照明应采取间接照明方式，避免顾客看到光源

2. 照度标准

通常而言，较高的照度下，宴会厅的环境会显得更加隆重、富贵和庄重，而快餐店的整洁、简单、明亮的风格也会更加显著。但是这并不意味着餐饮空间的照度越高越好，过高的照度，会使人感到缺乏私密感，反过来，过低的照度，难以保证人正常就餐，所以要结合功能分区，形成照度梯度（见表6-5）。

表6-5　餐饮空间照度标准表

照度/lx	适用时间段和空间
750～1000	开放式料理区，便于顾客欣赏厨师的手艺
500～750	中式进餐桌面
300～500	西餐进餐桌面、后台厨房间
200～300	酒吧操作台、经理办公室
150～200	接待台、门厅
100～150	除进餐区以外的环境照明、休息区
75～100	走廊、楼梯、员工休息间

（二）照明方式

餐厅的照明方式大致可分为：整体照明（一般照明）、重点照明（局部照明）、混合照明三种照明方式。在空间的光环境设计中，三种照明方式可同时使用，不拘一格，共同营造所需要的空间氛围。

1. 整体照明（一般照明）

整体照明指的是对整个室内空间的照明，要为空间内的所有局部提供均匀的照明，保证满足基本照度水平。整体照明是从整体出发对照明做出安排，是对整体照明环境的设计和把握，为就餐桌面和工作桌面提供均匀合理的照度，而不对单一的局部提供个性化照明。整体照明有助于形成简洁的就餐氛围，使顾客无形之中加快用餐速度，并且用餐结束后不过多停留。这种照明方式适合快捷的大众化餐饮空间。

2. 重点照明（局部照明）

重点照明指的是突出特定的区域的，针对重点部分提供的照明方式。其主要作用在于烘托环境氛围，强调空间主题，使顾客将被照的对象视为视觉重心。例如，在酒吧中，一般会在酒柜、调酒台等位置设置局部照明，将顾客的视线吸引到酒上，刺激顾客消费。并且重点照明也能够用来划分区域，例如，在餐桌面上安装射灯，光线投射下来，将餐桌笼罩在光圈之中，一个餐桌就是一个光圈，餐桌之间的暗处就成了边界线。除此之外，重点照明有助于增加空间的层次感，酒吧、咖啡厅等重视私密性的餐饮空间以及中高档餐厅会采取此种照明方式。

3. 混合照明

混合照明指的是将上述两种照明方式结合起来的照明方式，能够创造出多变的、层次化的空间照明环境。餐饮空间中根据不同的装修风格、不同的陈设品的设置以及不同的空间形式和功能分区，灵活使用整体照明和重点照明，对工作台面、装饰画等处提供重点照明，对过道等处提供整体照明，同时还可以利用建筑构件引入自然光，使餐饮空间的光环境效果更加适宜就餐。

（三）光源与灯具的选择

餐饮空间照明设计一个很重要的目的就是营造良好的就餐气氛，为此可以选择各种各样的光源和灯具，只要在整体上协调和谐即可（见表 6-6）。

对于快餐店、中餐厅等空间氛围以舒适为主的餐饮空间，会更多地使用白炽灯，而非荧光灯。因为白炽灯显色性理想，光源色表呈现黄白色，价格便宜。现在由于紧凑型荧光灯也可呈现暖白色，所以现在餐馆最常用的还是色温为 2 700k 的紧凑型荧光灯。金卤灯也是不错的光源，显色性高，但使用寿命不如荧光灯长，价格也偏高。

表 6-6　餐饮空间常用灯具类型及特点

名称	适用范围	特点
吸顶灯	厨房、员工休息间	采用节能荧光灯，显色性好，使用寿命长
水晶吊灯	门厅、食品展示区	属于装饰性照明灯具，打造奢华的进餐环境
吊灯	进餐区照明	通常属于直接照明或半直接照明
光带	进餐区背景照明	辅助环境照明，为顾客的面部照明提供均匀光线，避免浓重暗影
射灯	交通区照明、桌面照明、卫生间	通常产生直接向下的光线，光斑明显，适合集中桌面照明，但易产生眩光
地脚灯	通道、楼梯、卫生间	位置较低，光线向下分布，避免了眩光，光斑不明显
其他艺术灯具	餐厅中任何需要艺术照明的区域	根据室内设计风格来确定，属于装饰性照明范畴

（四）设计策略

1. 表现餐品的诱人品质

当美味的菜肴端上餐桌时，在灯光的照射下，会显现出诱人的光泽。近年来，随着人们对饮食文化关注程度的提高，人们充分地将饮食文化的各个细节都研究得极其透彻，进而出现一种潮流：厨师制作菜肴的过程从封闭的厨房中搬到客人用餐的环境中，人们可以一边用餐，一边欣赏诱人的食物原料被制作成美味菜肴的过程。由此，灯光的作用除了照亮最终制成的菜肴外，还照亮食物原料、半成品以及厨师使用的工具。

2. 展示和塑造人的面部表情

现在不少餐馆的在设计照明方案时，往往会忽视、轻视光线对人面部表情的影响，在这样的照明环境下，人的面部会因为阴影较重而形成怪异的气氛，或者人的面部会出现奇怪的色彩，这都是因为没有考虑到灯光的立体感。建议采用重点照明和环境照明结合的设计策略，餐桌面使用射灯进行重点照明，周围使用漫射光或者背景反射光，使得顾客面容更柔和（见图 6-61）。

图 6-61　射灯和漫射光结合的照明

二、不同模式餐饮空间的照明设计

餐饮空间主要分为三种模式：快餐模式餐饮空间，酒店模式餐饮空间，私密模式餐饮空间。从功能上看，不管是何种模式，餐饮空间都是饮食的场所，然而因为定位和模式的不同，照明设计上也会存在明显的不同。

（一）快餐模式餐厅

此模式的餐厅是数量最多的，我们熟悉的沙县小吃、麦当劳等连锁快餐店，学校食堂、公司食堂，以及商业中心的美食广场等，都属于快餐模式餐厅（见图 6-62）。这类餐厅的特点在于便捷、快速，经营者主要通过庞大的客流量获得利润，所以，其照明设计并不需要突出艺术性或者格调，而是以功能性照明为主，明亮的照明使得客人能够快速获取菜品信息，其照度较高，一般为 500～1 000lx，以此突出实用、经济、效率的空间特点。灯具的选择也十分自由，可以从餐厅的风格出发选择，也可以完全按照经营者的个人喜好布置。以麦当劳为例，其照明设计简单明亮，室内色彩明快，灯具多是简单的筒灯、吊灯，既能够激发客人的食欲，又能够营造快节奏的氛围，进而有效提升客流量。麦当劳以一般照明为主的照明方式，加上代表性的"M"招牌和统一的装修，所创造出的是简单、快捷、时尚的就餐空间，有助于打造餐厅形象。

图 6-62　教工餐厅照明简单直接

（二）酒店模式餐饮空间

此模式主要是星级酒店和饭店。这类餐饮空间面向的消费者群体往往更加关注食物的味道和品质，关注餐厅环境的格调以及就餐体验的品质。所以，酒店模式餐饮空间的照明设计要满足较高的要求，需突出餐厅格调和特色，营造高级的氛围感，照度应均匀分布，一般为 50～100lx。需要结合具体的功能分区，兼顾客人的就餐需求以及私密感的营造，进行照明设计。例如，餐桌区域照度较高，过道和不同功能分区的过渡区域照度较低，照明方式以混合照明为主，一方面为整体空间提供均匀的环境照明，另一方面为餐桌面、装饰陈设提供局部照明，从而创造出富有层次感的、高级的、精致的照明环境（见图 6-63）。

图 6-63　照明层次感强，营造精致氛围

（三）私密模式餐饮空间

此模式的餐饮空间包括酒吧、咖啡厅、西餐厅等，所面向的消费者所追求的不仅是食物本身，更多的是休闲娱乐，是为了在此享受私密的空间氛围。这类餐饮空间往往具备独特的风格、鲜明的主题和空间特点，不管是照明设计还是其他装修设计，都需围绕着其氛围开展，重视营造私密的环境气氛。所以，此类餐饮空间的照明设计需要重点满足顾客的心理和精神上的需求，整体照度偏低，尽量避免刺目的光线，追求神秘安静的气氛。照明方式主要是局部照明，对重点部分提供重点照明，以光线的强弱和色彩的变化打造区域界限，突出空间感如酒吧一般在舞台、吧台、酒柜等位置提供重点照明，一方面将顾客的视线吸引至这些消费处，另一方面也便于工作人员操作。卡座位置为间接照明，使用灯带或者蜡烛型灯具提供照明（见图6-64）。

图6-64 吧台处重点照明

三、餐饮空间照明设计案例

（一）信夫餐厅

建立在曼哈顿的日本餐馆信夫餐厅设计超凡脱俗，格克韦尔集团的建筑师大卫·洛克韦尔（David Rock-well）巧妙地将日本乡村的环境（即该餐厅的主厨师信夫松平的出生地）与城市中形成的哥特式风格相交融，两者在时间和空间、风格上南辕北辙，却在餐厅的拱廊中实现了完美结合。这个拱廊的主要支撑为树一样的圆柱，枝丫像中世纪的居间拱穴的枝柱一样向外舒展，伸向顶棚，以舞台和剧院设计为背景，格克韦尔将该餐馆构思为一个歌舞伎的舞台，其中的圆柱不仅有节奏地控制空间，而且支撑着透过树枝而闪烁的照明装置，并且为深红的灰泥顶棚增添特色和图案。

图 6-65 中，每根圆柱由 3 根 1.8m 高的细长桦木圆材构成，其顶部用木钉固定在一个直径为 30cm 的钢圈上，其底部用一块氧化钢连接板固定。整个装置固定在一个石座上，上方用经过焦化的木梁覆盖。仅用一只 75W 卤钨 T-12 灯泡的上射光将仿佛在支撑着整个顶棚的树枝照亮。此灯与一调光系统相连，固定在一个嵌入每根圆柱顶部钢板中的圆柱形钢反光器中。接入瓷插座中的灯泡由地板下方的电线提供电源，这些电线被固定在坚硬的钢管中并隐置于桦木圆材之中。

图 6-65　信夫餐厅的树状照明

尽管树状圆柱的照明为装饰性照明，但是这是整个餐厅中能够看到的主要光源，这是由其边界效应所产生的。透明玻璃和丝、点光源穿过树枝散发出线条分明的聚光，将清晰而图案错综复杂的阴影投射到顶棚之上。尽管这些阴影似乎全部是树枝投下的，但其效果是被一个固定在其上方的戏剧用模板加强的。

（二）巴昂餐厅

在设计坐落在康涅狄格州的格林威治城一家名为巴昂的法国和中国菜餐

厅时，建筑师洛克韦尔用色彩、材料和结构的完美组合，生动地突出了此餐厅的不同烹饪文化。在用姜根黄和辣椒红的生动调色体现出这两种文化的同时，设计师通过这两种不同文化的交融，用爆发性的光柱随意点缀空间，使其充满活力。棱角分明的灯柱上宽下窄，灯柱内部是胶合板结构，外用不规则的锌铜片包裹，顶端一张巨大的帆状网架悬浮空中（如图6-66），灯柱别致的造型，在整个宽阔阁楼式的空间中创造出一种绝顶的生气。灯柱的内芯就是室内原有的钢立柱，铜片包裹的部分犹如两只套在一起的不规则棱锥体。在下面锥体上部的凹处有 4 个 50W 的 PAR-20 泛光灯用柔和的漫射光突出灯柱的向上延伸，而上层锥体中的可调节的 MR-16 投射灯将聚焦光投射在 2.4m 宽、3.6m 长的帆形铜屏上，使其出现闪光效果。MR-16 灯上配备有两种镜片：线性散光镜片产生垂直或水平光束；漫射镜片将光线粉化，使其变得柔和朦胧。使得波光闪闪的铜屏更加突出。

191

图 6-66　巴昂餐厅的灯柱

　　虽然这些灯柱主要是起装饰作用，但在室内每张餐桌上方的 MR-16 下射灯的辅助下，它们也能提供足够的照明。选用 PAR-20 泛光灯是因其光照均匀、光色白而清晰，而且其显色性和色度皆与 MR-16 投射灯接近。MR-16 灯具的变压器置于灯柱的底部，所有灯泡均有调光装置。

（三）英国伯蒂酒吧

　　伯蒂酒吧是一家威士忌酒吧，位于 The Fife Arms Hotel（法夫之徽）这家 18 世纪五星级汽车旅馆的前图书馆内。

灯光设计的目的是将威士忌酒瓶精美地照亮，并在房间和客人周围投射出温暖的琥珀色光芒，营造出一个引人注目、迷人而又舒适的空间。

威士忌的选择包括单麦芽威士忌，售价高昂，因此灯光设计必须同时考虑热量和紫外线，以消除优质烈酒劣化的风险。设计师选择使用具有完整光度数据的高质量 LED 条形灯，并具有完整的光度数据，以证明在 100nm 和 400nm 波长之间发出的紫外线最小。准确的琥珀色调显色是必不可少的；并测试了不同色温光源的威士忌瓶和搁板饰面，结果选择了 2 200K 光源，以获得最佳的琥珀光泽。

照明设计师与细木工制造商密切合作，以确保完好安装所有集成照明设备，并且 LED 照明产生的任何向后的热量都被充分分散。

酒吧的琥珀色玻璃窗的背光照明贯穿了明亮的琥珀色主题，增加了整个空间的连续性。在酒吧的沙发和威士忌架子下面，使用了微妙的变色灯，在夜幕降临时散发出浓郁的红橙色。鸡尾酒桌上的灯光给人一种戏剧的感觉，并且威士忌在倒入玻璃杯时会闪烁微光（见图 6-67）。

图 6-67 戏剧感的灯光

带有可上锁架子的定制威士忌酒窖可以存放客户自己的酒瓶。这些都采用重点照明，以创造焦点和闪光。在酒吧的其他地方，由带有水晶装饰的古董牛腿制成的定制壁灯为环境增添了趣味。设计师在这些内部设计了灯光，以使上面展示的瓶子发光，同时使下面的水晶更加闪耀（见图 6-68）。室内设计对细节的关注与灯光设计相得益彰，突出酒吧的个性风格。

图 6-68 酒瓶内部 LED 灯光

193

第六节 展示空间照明设计

何为展示空间？所有需要以呈现展品为主要设计任务的空间均可以被称为展示空间。不同展品、规模和展示目标的展示空间，其光环境设计的策略有所不同。本节集中探讨博物馆、美术馆空间照明设计和常见的展示空间照明方式。

一、博物馆、美术馆空间照明设计

博物馆、美术馆是典型的展示空间，其基本功能在于实物收藏、科研、社会教育，由此可以看出其角色、属性的多元化。它们集中体现了一个城市，甚至一个国家的思想理念，不仅是休闲娱乐的场所，还是区域的文化中心，也是公共交流的窗口。

作为"文物和标本的主要收藏机构、宣传教育机构和科学研究机构"[1]，博物馆、美术馆的工作就是收藏、保护、研究、展示及宣传各种文物、历史遗物和艺术品等，其照明设计必须首先充分考虑文物、艺术品的安全问题。其次，博物馆、美术馆照明还应为观众欣赏文物、艺术品提供良好的视觉条件，一方面合理明确展品区域合适的照度，另一方面避免展品被光线所损坏。因此，博物馆、美术馆照明设计对灯具产品和光源的选择等提出了较高的要求。

---

① 陈学军：《旅游资源学概论》，东北大学出版社 2016 年版，第 94 页。

（一）陈列室的自然采光与人工照明

在前面的章节已讨论过自然光源与人工光源的区别，简单地说，前者来自太阳，是太阳光；后者来源于人类发明制造的灯具。

早期的博物馆陈列室以自然采光为主，主要研究采光口的设计，采光口的调节，采光口的面积计算等几个方面。而后来一度有"黑暗博物馆"模式的流行，就是不注重自然采光，大量依靠人工照明的博物馆设计。我国《博物馆建筑设计规范》（JGJ66—91）第3.3.6条规定："除特殊要求采用全部人工照明外，普通陈列室应根据展品的特征和陈列设计要求确定天然采光与人工照明的合理分布与组合。"

博物馆陈列室中收藏的文物种类多，材质各异，对照明的要求不同。有的容易被光线损坏，要求照度低；有的需要细细玩赏，要求照度高。同时，不同的展品需要差异化的照明环境才能够展示出最佳的效果。因此，陈列室的照明既要自然光与人工光结合，又需要结合具体的展示物品来设计，不能不加区别地统一对待。

（二）陈列室光环境设计的一般要求

1.根据陈列品的感光性决定适宜的照度

陈列室一般照度达100lx较宜，最低需要50lx。城市中有各种主题的博物馆和美术馆，其收藏、展示的物品不仅数量多，种类亦多，因为在材质、色彩上的区别，这些物品的感光性也存在较大的差异。所以，陈列室的一般照明设计，需要依照其中物品的类别来设定照度、色温等。只有在合适的照度下，陈列品才可充分展示出自己的美感，照度要求见表6-7至表6-10。

表6-7　各种陈列品的最大照度推荐值

展品类别		推荐照度/lx	色温/K
对光特别敏感的展品	纸质书画、纺织品、印刷品、树胶彩画、染色皮革、植物标本等	≤ 50	白炽灯 2900
对光敏感的展品	竹器、木器、藤器、漆器、骨器、油画、壁画、角制品、天然皮革、动物标本等	≤ 180	日光、荧光灯、白炽灯 4200
对光不敏感的展品	金属、石材、玻璃、陶瓷、珠宝、搪瓷、珐琅等	≤ 300	日光、荧光灯 6500～4200

表6-8 英国照明工程学会的照明规范

内容	lm（Sq·ft）	限制眩光指数
陈列室一般照明	15	16
陈列品	专定	16
不做局部照明的艺术陈列室照明	20	10
有局部照明的艺术陈列室照明	10	10
悬挂绘画	20	10
实验室	30	19

注：1lm（Sq·ft）= 10.76lx

195

表6-9 国际照明委员会照明标准（CIES 088—2001）

室内作业或活动种类	EM/lx	VGRL	Ra	—
博物馆（普通）	300	19	80	照明须符合陈列要求，防止辐射

表6-10 博物馆不同功能空间的照度推荐值

展厅部分	公共区	办公区	装运区	照度/lx
最重要展品陈列区	—	—	—	2000～3000
—	入口雕塑、入口广告区	新闻发布中心录像室	卸货登记区	1500～2000
一般大件展品陈列、橱窗、精加工物品陈列区	入口检票区、问询台、自动扶梯、报告厅、休息厅	研究室、书库、档案室、化验室、美工室、陈列设计与制作室	控制室、观察室	500～1000
展厅装饰性照明	接待区、等候区、寄存处	电气房、电话总机房	装卸运送区	200～500
敏感展品陈列区	洗手间、休息区、通道、安全照明	员工休息室与值班室	展览库房、行政库房	50～200

2. 陈列室的照明设计要以突出陈列品为主

陈列品是陈列室的中心，也是其照明设计的中心，需要针对其进行重点照明设计，其照度应当相较一般照明照度更高，从而突出陈列品。一般来说，陈列品的照度和环境照度的比至少为 2：1 时才容易显示出来。陈列橱柜的照明，因光线向上、向下、向侧反射，照度与陈列室照度之比要达到 2：1～3：1。

观众所在位置的照度宜为陈列室展品照度的 1/5，观察时较为明晰。一般陈列室的照度与陈列室的照度比控制在 10：1 之内，以免出现视觉疲劳。

3. 陈列品的照度、陈列室的环境照度要均匀

一般画面最低照度和最高照度之比，不应小于 0.7，特大画面不应小于 0.3。

4. 防止光学辐射对陈列品的损害

很多实验都表明了光学辐射会对陈列品造成一定的损害，这种损害主要分为两类：热效应和化学效应。其破坏类型和光学辐射的波长有着很大的关系。

（1）光辐射的热效应

指的是物体因为从光照中获得了辐射能量，使表面温度上升，高于环境温度。

这种热效应所导致的物体表面温度，会成为一些化学作用的产生动力，并且还会导致物体材料发生空间上的变形。变形的部位主要是物体热延展系数不同的部位，尤其是系数高的部位。当物体各部位的热延展系数相同，但是没有全部被光照射也可能会出现这种变形。陈列室的照明系统每天都会打开、关闭，日积月累就会导致物体表面受光辐射延展、不受光辐射收缩的不断循环和湿气的不断移动。容易为光辐射的热效应所破坏的陈列品主要是吸湿材料或者表面为多层不同材料的陈列品。

避免光辐射的热效应的主要方法在于：选择在红外波段输出低的光源，或者使用红外滤镜。过去传统的热吸收玻璃滤镜已经逐渐淘汰，现使用的主要是二色性玻璃滤镜，其能够使可见光和紫外辐射透过，过滤掉红外辐射，其使用时主要位于光源前部，所承受的热压较低，并且其性能几乎不会因使用时间而退化。

（2）光辐射的化学效应

光辐射的化学效应会导致物体的分子出现化学变化，激活这种变化的能量源于对光子的吸收。此效应的级别主要取决于四个因素：辐射照度、辐射时间、入射辐射的光谱能量分布及接收材料的响应光谱。

（3）基于保护的照明策略

基于展品保护进行藏品分类。博物馆、美术馆的藏品可以分成两大保护类别：矿物质或无机物材料和有机物材料。无机物材料对光轻度敏感或不敏感，有机物材料对光中度敏感或高度敏感。

基于保护的照明策略有控制可见光，限制照度水平，限制曝光时间，限制年曝光量等。

5. 尽量避免产生眩光

眩光的形成是因为视线范围内存在过亮的光源，通俗地说，让人感到眼睛不舒服的光就是眩光。陈列室存在眩光会导致观众难以看清陈列品。因而，应当合理设计陈列品、光源和观众的位置关系，尽量避免眩光，使观众获得良好的欣赏体验。

陈列室中的很多展品不是位于展柜之中，或者即使位于展柜之中，其照明光源也没有设置在展柜内，观众很容易被外部的光源，以及其他物体反射的光所干扰，这就是反射眩光。一次反射眩光：光源通过画面，特别是带镜框的画面反射所产生。二次反射眩光：由于观众自身或周围物品的亮度高于画面亮度，以致在玻璃面上反射影像而出现的眩光。

眩光不能和高光混淆，后者是由来自珠宝或金属物品之类的陈列品的光泽反射形成的高亮度的点或图案。高光对于视觉的影响很小，甚至有助于陈列品的展示。

6. 阴影的调整

不同于绘画等平面展品，立体展品会因为照明而存在阴影，好的阴影能够烘托出展品的艺术美，不良阴影会降低其展示效果，因而，应当合理设计和调整光源的方向和强度，避免不良阴影。

7. 合理安排光源投射角

为了向观众呈现出陈列品最佳的观赏效果，需要合理安排光源的投射角，不同的光源投射角和不同的光源位置会造成不同的视觉效果。

（1）灯光最佳投射角及位置

图 6-69 和图 6-70 为灯光最佳投射角及位置。

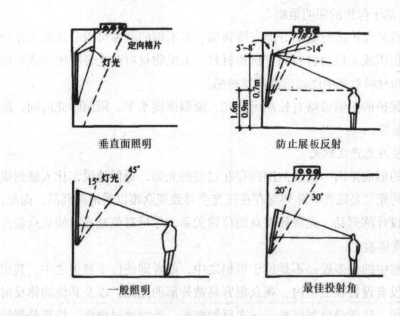

图 6-69 灯光最佳投射角

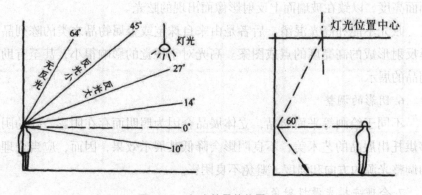

图 6-70 灯光的最佳位置

（2）视觉对灯光不同投射角的反应

图 6-71 为光源位置图解。

图 6-72 为顶棚灯光位置图解，其中 a 为人视平线至顶棚高度，b 为光源最佳位置，x 为光源最佳位置中心距墙边距离。

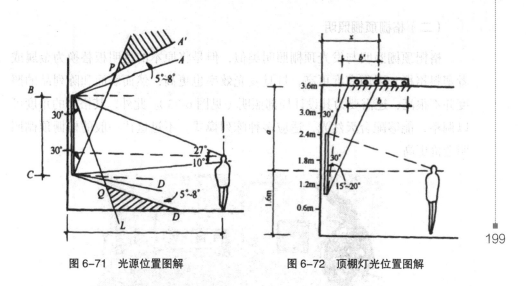

图 6-71 光源位置图解   图 6-72 顶棚灯光位置图解

（三）安全保障照明、维护照明的设计

博物馆、美术馆中所收藏的文物、艺术品往往价值很高，甚至难以估量，所以安保系统十分重要，安保系统中也包含照明的部分。安保照明主要是为了满足安保维护需求，与为观众提供的照明有很大的不同，其不需要欣赏陈列品的细节，同时因为陈列品易受光辐射损害，所以安保照明应当尽可能避免照射到陈列品，照度应较低，能够使安保人员正常巡逻和查看馆内是否有可疑人员即可。

二、常见的展示空间照明方式

（一）发光顶棚照明

发光顶棚经常会使用到自然光，会利用感光探头联动控制系统将自然光与人工照明有机结合，其主要特点在于光线柔和，一般净空高的展示空间都会使用此照明方式，一些难以在顶部引入自然光的展示空间会利用人工照明创造出天然光效。发光顶棚内部的人工照明通常由可调光的荧光灯管提供，其发光效率取决于灯具、灯具的反射状况和散射玻璃的透光能力，散射玻璃多采用磨砂玻璃、乳白玻璃、遮光玻璃等。发光顶棚的灯距间距一般为其距顶棚的 1.5～2.0 倍。

（二）格栅顶棚照明

格栅顶棚照明与发光顶棚照明类似，但是将原本的透明板替换为金属或者塑料格栅，因而亮度更高，灯具发光效率也更高，然而墙面和陈列品的照度并不很高，还需要为其设计局部照明（见图6-73）。此外，其格栅的角度可以调整，能够配合天然光，适应多种陈列模式，不过这比一般的格栅顶棚照明造价更高。

图 6-73　格栅顶棚照

（三）嵌入式洗墙照明

嵌入式洗墙照明可以灵活布置成光带，更可以将荧光灯具（部分卤钨灯、白炽灯也可）的反射罩根据项目特点进行定制加工，将光投射到墙面或展品上，增加其照度和均匀度。灯具隐蔽，形成"光檐"，光线柔和，不易产生眩光，效果较好（见图6-74）。

图 6-74　嵌入式洗墙照明

（四）嵌入式重点照明

嵌入式重点照明采用嵌入式荧光灯可以使照明形式多样，还可以通过特殊选择的反光罩达到局部加强照明的效果。此类方案对于灯具的要求相对严格，应具备尽可能大的灵活性，如光源在灯具内可旋转，光源能够精确锁定，能够根据项目需要更换不同功率的光源，反光罩可更换，可增设光学附件等。

（五）导轨投光照明

此种照明方式要求在顶部界面设置导轨，使用的灯具多为射灯。其灯具的安装十分简便，并且灯具位置能够自由调整（见图6-75）。其主要用于局部照明，突出展品，使整个空间主次分明，是展示空间中常用的照明方式，其供电容量在50W/m² 以上。

图 6-75 导轨投光照明

（六）反射式照明

反射式照明指的是利用灯具或者建筑构件隐藏光源，使得光线不是直接投射到展示空间，而是由反射面反射入空间，其特点在于光线柔和。其所使用的反射面不能是镜面等直接反射材质，而应当是漫反射材质，并且其面积应较大，以免造成眩光。同时，除了粗糙的质感以外，光源都会从反射面映入而暴露，即使是3分光泽的反射面也会被映入，因此，为了将光线柔和地扩散，被照面有必要做成粗糙的质感。故宫博物院午门展厅，吊顶内部采用卤钨灯上射照亮古建天花板；吊顶钢梁底部嵌入射灯轨道，轨道射灯为卤钨灯，提供重点照明；柱础暗藏荧光灯照亮柱子底部，侧墙上射和下射均为卤钨灯，展柜内重点照明照亮展品；空间中的照明全部为人工照明，采用了先进的调光系统（见图 6-76）。

图 6-76　午门展厅反射式照明

（七）环境照明

展品不仅需要重点照明以供观众观赏，还需要特定的照明营造出一定的氛围。所以，不管是哪种照明，都需要结合展览的主题、展品的内涵等进行设计。

（八）局部照明

为表现陈列室内展品的某种特点，或一般照明不能满足照明要求时，需采用局部照明。

图 6-77 为局部照明的几种方式。

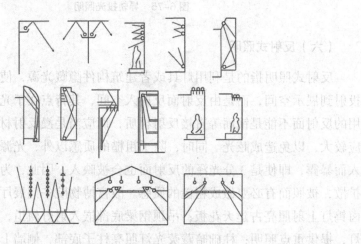

图 6-77　局部照明方式

1. 垂直版面照明

绘画展品一般会悬挂于墙面，需要垂直版面照明。此类照明一般使用白炽灯或者荧光灯，排成排，悬挂于版面前上方，隐藏于顶棚，光线会直接投向版面。为了消除眩光，荧光灯应当设置格片。如果展品的版面较大，所使用的也应当是大投光灯，除了在上方设置光源，也要在下方设置（见图6-78）。

图6-78 垂直版面照明

2. 垂直版面与陈列台照明

照明不能只考虑版面而忽视陈列台，也不能只关注后者而忽视前者。当展品以陈列台形式展出时，其玻璃的面不应当为垂直，而需稍微倾斜，从而避免眩光。此外，根据实际需要，陈列台内可以设计局部照明。

3. 陈列橱柜照明

为了保护展品，防止灰尘、虫子损害展品，以及防潮、防盗等，很多展品都放置于陈列橱柜之中。此类展品的照明可以设置于柜内，也可以设置于柜外，主要看展品的特点以及橱柜的形式。为了避免灯源的紫外线损害展品，可以在橱柜的玻璃上加涂膜。橱柜内设置的照明应当将光源隐蔽起来，并且添加孔洞以疏通热量和通风（见图6-79）。柜内照明灯光投射角较小，容易形成阴影，不适宜展示表面粗糙的油画。

图 6-79　陈列橱柜照明

橱柜内灯光设置位置如下。

① 光源设在橱柜内前方上侧或上下两侧。

② 光源设在展品前方四缘。

③ 光源设在展品上方，并安设格片。

④ 光源设在橱柜顶部。

⑤ 光源设在悬挂式陈列箱前上方。

⑥ 陈列品如为透明胶片图像，则灯光设于橱柜之内。

4. 景箱照明

动物、植物生态的再现，或强化物态的面貌，如地质构造，或陈列历史原貌，都需用景箱陈列。景箱一般有生态景箱、动态景箱、对照景箱等，生态景箱布置生态环境，动态景箱反映物像动态变化，如行驶的车辆，地形的变化，对照景箱反映事物的新旧对比。一个景箱中多次换景才能达到要求时，应利用不同的灯组按时间顺序显示物像。因此，在照度要求上，一是较其他部位要强才能醒目；二是除透明胶片外在视角内不要出现光源；三是景象的更换在于灯光的变换。

5. 雕塑照明

雕塑无论是个体还是群体，都应根据雕塑的体形特点，在前上左方设主要照明，对侧面、下面、背面还要设辅助灯光，使之有立体感。为使雕塑不易失真，宜以天然光为主，辅以人工照明（见图 6-80）。

图 6-80　雕塑照明

6. 立体展品照明

立体展品包括机器、设备、大型产品、古代车船、器械、其照明动物骨骼等，主要是表现总的形态与外貌，只要有一定的均匀照度，不出现眩光即可（见图 6-81）。

图 6-81　立体展品照明

7. 沙盘、模型照明

沙盘、模型照明是室内环境照明与展品照明二者的结合，一方面室内要求明亮，采用侧窗、顶窗解决，因为模型尺度较小，沙盘比例更小，多采用鸟瞰或俯视观察，顶窗照明方式较为理想。另一方面，模型与沙盘也可以安装各种灯光，使其生动。当模型、沙盘有玻璃护罩时，若高度在视平线以下，要注意护罩产生的眩光影响。

三、光源与灯具的选择

不同照明方式的光源与灯具的选择见表6-11。

表6-11 光源与灯具的选择

照明方式	灯具	光源	特性
一般照明	嵌入式、下射灯具、洗墙灯具	采用普通白炽灯、紧凑型荧光灯、卤钨灯、高强度气体放电灯及 PAR 灯，功率为 20～50W	易于更换、可调光、低亮度、大遮光角、控光良好、节能、可附设过滤装置
	表面安装普通白炽灯或紧凑型荧光灯		
	圆柱形或方形，防眩光装置灯具		
间接照明（漫射照明质量）	产生宽光束的光源将光线投向天花板，反射至垂直或水平表面，效果取决于天花板表面的形状、色彩、光泽度	T8、T5 荧光灯管或紧凑型荧光灯	吊杆或悬空架设（离天花板大约 300～500mm）
		高强度气体放电灯 PAR 灯	良好的光学系统、最大光效
			水平测量方法提供目视调整
重点照明	轨道装置 嵌入式下射灯具	20～500WPAR 灯 白炽灯、卤钨灯 T3、T4 直管荧光灯	轨道装置、拆装简便，可接附件，固定装置可多样化、灵活多变，电器布线简单
展柜照明 壁柜照明 隔板照明	微型（刚性或柔性）轨道，变压器远离安装	白炽灯：E12 灯座、4～25W、管状 7～9W 紧凑型荧光灯	灵活可调的灯具间隔
	带状灯类型 大约 50mm×50mm	—	小型约 19mm×19mm、易于成型，可制成所需形状可根据空间尺寸分割
	光纤照明	卤钨灯、金属卤化物灯	远离热源、所有电气设备在展柜外
泛光照明	嵌入式：椭圆反射器下射白炽灯具	普通白炽灯 150～250W 卤钨灯	易于更换、过滤紫外线辐射、光源破损防护
	荧光灯反光槽：抛物线式反射器、间接式	T8、T5	
	表面：轨道安装 间接式白炽灯	150—300W 卤钨灯 高强度气体放电灯	抗高温棱镜、过滤紫外线辐射、菲涅尔光学系统、可调角度、提供色彩媒介和色彩修正

照明方式	灯具	光源	特性
戏剧照明	调焦式投光灯 追光灯 发光二极管 全数字式（液晶）激光灯	低压卤钨灯 高强度气体放电灯 特种光源	精确调焦、旋转光轮、投射影像和图示、要有维护人员和操作人员
安全照明（根据安全等级要求，过道内的照度至少100lx，提供疏散指示）	疏散提示（黑色背景上的绿色字母最佳）	发光二极管	使用寿命长、连续工作、可靠性好
	台阶照明	紧凑型荧光灯	
	下射照明	低压白炽灯 小型光源	

207

四、展示空间照明设计案例

（一）奔驰博物馆

奔驰博物馆位于德国西南部的斯图加特市梅赛德斯博物馆，是世界上唯一能够展现奔驰120年汽车历史的博物馆。该博物馆采用双螺旋结构：两条缓坡走道围绕着环绕贯通的中庭盘旋而上，不时有支路从中穿插而过。44m高的中庭位于双螺旋的中心，是展览的开始，也是展览的结束。参观者从顶部开始，沿两条相互旋绕的坡道向下参观。一条连续的螺旋步道引导参观者进入"传奇"展厅进行参观，这里介绍了汽车发展的不同阶段；另一条路线则沿建筑的外侧盘旋而行，进入"典藏"展厅，展示着全世界收集来的汽车和摩托车。

建筑中庭的照明主要靠从玻璃天顶倾斜而下的自然光，同时，天花上有很多小洞，有些是排风口，有些则是灯具位置，灯具配合自然光，起到辅助照明的作用（见图6-82）。

一号"传奇"展厅中的环形人工日光顶棚位于展厅中央、主体展品上方，暖色闪动的窄光束投光灯对移动的展品进行了补充照明。通过周围的展柜和有横向光带的背墙显露出展室的形状。照亮展品的重点投射灯为展室营造了令人兴奋的气氛。

三号"传奇"展厅中最引人注目的是一条9m长的光带，偏冷的氖光柔和地从内部发出。镶嵌在斜顶的射灯营造出一种剧场效果，以突出"悬浮"着的发动机；而剧场射灯照在每辆单独的汽车上，产生熠熠闪烁的效果，以此强调它们的重要性。

图 6-82　中庭的玻璃天顶自然光和灯具

另一个"传奇"展厅的所有墙面都极为明亮，而顶棚则被设计成黑色，如同夜晚的深色，利用频闪灯具营造出闪烁的照明效果，形成强烈的对比。空间四周有一圈环绕的电脑显示屏，在场景里发着柔和的光。显示器前方或后方的车辆则由射灯将它们照亮，使车辆闪耀着明亮的光芒（图 6-83）。

图 6-83　黑色顶棚的频闪灯和显示屏前方后方的射灯

"典藏"展厅主要由从空间一侧射入的自然光和人工照明共同营造氛围。人工照明从顶棚对展品进行间接照明，暖白色窄光束射灯镶嵌在顶棚中的一些拱形结构中发出闪耀的光线。灯具是为博物馆的天棚特制的，可根据展品的需求进行旋转。靠近外立面的汽车主要靠自然光照亮，空间深处的汽车由于获得的自然光不够充分，则通过多个方向的射灯对汽车进行重点照明（见图 6-84）。

图 6-84　"典藏"展厅顶棚间接照明和外立面的自然光

（二）日本霍奇美术馆

霍奇美术馆坐落于日本千叶市最大的公园 Showa-no-Mori 公园旁。博物馆共三层，一层在地上，两层在地下。博物馆采用了走廊式的画廊风格，是一条 500m 长的展陈空间，充满神秘感。

霍奇美术馆内所有的照明均采用 LED 光源，其寿命长、维护成本低，且能够将每幅作品调配至最佳的照明效果，很好地避免了传统卤素灯带来的框架影子的干扰。

霍奇美术馆一层画廊通过一排位于绘画作品下方的窗户接收日光，既满足了空间内一般的间接照明需求，又为美术馆内曲折的路径提供了方向指引（见图 6-85）。

图 6-85　一侧墙下方开窗引进自然光

霍奇美术馆地下一层的天花板被设计成直径为 64mm 的群组式小孔，设计师将白色和琥珀色的 LED 聚光灯安放在随机布置的小孔里，营造出银河般的效果。通过独特的设计，巧妙地调节灯具位置，不仅避免了天花板上零乱的布局，而且完美地呈现了艺术家想要表现的作品色彩效果（见图 6-86）。画廊的墙壁采用钢材料，绘画作品可通过磁性固定装置挂在墙上，从而减少了视觉干扰。

图 6-86　天花板上银河一样的 LED 灯

霍奇美术馆的最底层收藏了馆内最珍贵的作品，展现出一个完全不同的视觉空间。最底层采用的是全黑色背景，通过天花板上整齐而统一的群组小孔，将光线集中到画作上，既为画廊增添了一条美丽的光带，又都能突出展示每幅作品。照明设计师采用 300～400lx 强度的光照，将绘画作品的细节很好地展现出来，同时不会将参观者的影子投射到绘画作品上。整个底层空间中，黑暗的背景与明亮的画作形成强烈的对比，使画廊充满了神秘感（见图 6-87）。

图 6-87　最底层的照明

（三）橙县艺术博物馆

橙县艺术博物馆是南加州现代和当代艺术的新文化地标，其照明概念和设计让参观者能够从沐浴着南加州日光的橙县艺术博物馆外部广场自然过渡到博物馆的内部空间。

从博物馆入口处繁复的环境照明到画廊内的灵活的层叠光线，通过照明强度梯度的打造，使该建筑成为艺术展示的主舞台，既引人注目，又让人流连忘返（见图6-88）。

图 6-88　入口处照明

博物馆的主层专门用于可重构的开放式展览空间，辅以夹层、黑匣子和珠宝盒画廊的空间，这里可容纳不同规模和媒介的临时和永久收藏展览。当参观者跨过门槛进入一楼的主画廊空间时，映入眼帘的是第一个过渡画廊中带有定制集成BusRun照明轨道的低悬金属天花板，它用于照亮周围的墙壁、长凳、艺术品和标识（见图6-89）。

从这个净高较低的区域下方进入两层通高的开阔的主画廊空间，参观者可以通过间接照明和扇形天花板的漫射环境光欣赏展出的大型艺术作品。这类独特的天花板设计将一层从扇贝形拉伸织物反射的环境光，以及一层来自上方照明轨道头的灯头部分隐藏在视线之外。从一个由大型玻璃立面和扇形天花板照亮的18英尺（约5.48m）高线性画廊过渡到另一个较低的9英尺（约2.74m）高、私密度高的单层高画廊空间，参观者通过嵌入式的BusRun轨道照明收获完整的画廊体验（见图6-90）。

图 6-89　过渡画廊照明　　　　　图 6-90　主画廊照明

生活是设计的源泉，同时设计也高于生活。室内照明设计包含诸多元素，但其本质在于满足人类的生活需要。白炽灯的发明标志着人类征服了黑暗，从此，光源成为人类生活中无法割舍的部分，为生产和生活提供了便利，加快了人类文明的发展。在人类文明发达的今天，照明设计已经不仅仅是为了人类视觉活动提供基本光照，而是成为一种艺术，成为一种生活情趣。室内照明设计不仅仅是对于照明的设计，不是将灯具简单地安装在室内空间，而是作为室内设计的一部分，有机地融入整个室内空间，使人们享受到照明的便利，体验到光的艺术。

经由本书，希望读者们认识到光不仅仅是一种物理的存在，更是一种艺术的存在，照明不仅是为我们的生活带来更多的便利，它让我们生活在艺术世界，并且诗意地栖居。了解光的基础知识，了解光在种种艺术形式中的价值，了解光与室内设计的关系，能够帮助我们有意识地发现和分析光的艺术，在生活中体味到光的艺术之美。

要想创造光的艺术，进行室内照明设计，必须掌握相关的基础知识、设计原则以及设计依据，这是最基础的。照明设计是对光源的创造性应用，人工光源的发展，是照明设计发展的最大动力，不同的人工光源有着不同的特性，能够适应不同的设计需要，给人们带来多样的美感体验。此外，也不能忽视自然光在照明设计中的必要性，不管是情感上还是生理上，人类都不能没有自然光，对自然光的充分利用和人工光源的设计应用同样重要，因而，本书对光源做出了较为全面系统的分析。

优秀的室内照明设计是天马行空的想象力和自由迸发的灵感的结果，但也有一定的策略可依照。不同的形状、光影、立体感、光色、材料和动态效果之下，光能够创造出令人震撼的多样的艺术效果，所以，照明设计需要掌握光效的控制策略。因此，本书也详细地阐述了自然光和人工光的设计策略，为读者的室内设计实践提供参考。

在各种室内照明设计实践中，不难发现，室内照明设计自有其原理，在真实的室内照明设计中，也需要按照这些原理来设计，如明确设计的目的与要求、遵循设计程序、掌握设计内容以及灯具布置的要求。

除了学习和了解理论知识之外，要想成为一名优秀的室内照明设计师，还要解读各种设计案例，在了解室内照明设计的实际应用中，学会不同功能空间、不同空间类型之下，照明设计要关注和满足的方面和标准不同。很多现实的案例都反映了光在人类生活中的不可替代性，尤其是建筑行业日益发展，空间也不断增多，将照明设计更好地运用在室内空间中是我们现在以及未来都需不断思考的课题。本书最后结合很多设计案例，重点分析了居住、办公、商业、酒店、餐饮、展示空间的照明设计应用，旨在使读者领悟到，照明设计是为人类生活服务的，室内照明设计要充分考虑室内空间中的人类活动，考虑到这些人类活动对照明的需求，据此才能做出优秀的设计。

需要注意的是，一个优秀的室内照明设计要求设计师不仅具有高超的设计技巧，还需要具备较高的文化素质，考验着设计师对空间形体的个人理解，对业主需求的把握等，尤其要求其热爱生活、享受生活。尽管我国室内照明设计发展时间较短，但是因为各位设计师在不断发展和进步，我国室内照明设计必将不断成熟。

参考文献

[1] 余显开:《酒店照明设计》,江苏凤凰科学技术出版社 2022 年版。

[2] 刘登飞:《照明技术与照明设计》,机械工业出版社 2022 年版。

[3] [美] 马克·卡伦、[美] 詹姆斯·R. 本亚、[美] 克里斯蒂娜·斯潘格勒:《照明设计实战手册:八大场域关键照明心法》,程天汇译,江苏凤凰科学技术出版社 2022 年版。

[4] [日] 桥口新一郎、[日] 户泽真理子、[日] 所千夏、[日] 岩尾美穗、[日]九后宏:《室内设计专业教材室内设计基础与实践》,佟凡译,江苏凤凰科学技术出版社 2022 年版。

[5] 胡大勇、龚芸、程虎:《环境照明设计》,西南大学出版社 2021 年版。

[6] 上海企一实业(集团)有限公司:《光与空间健康照明设计》,中国电力出版社 2021 年版。

[7] 姜兆宁、刘达平:《照明设计与应用》,江苏凤凰科学技术出版社 2020 年版。

[8] 党睿、刘刚:《公共建筑室内照明设计方法与关键技术》,天津大学出版社 2020 年版。

[9] 陆瑶、周军、翁威奇:《室内照明设计》,东北大学出版社 2020 年版。

[10] 任绍辉:《室内照明设计解析》,辽宁科学技术出版社 2023 年版。

[11] 林红、杨一丁:《照明艺术设计》,同济大学出版社 2020 年版。

[12] 刘鹏、谢礼、朱小娟:《室内照明及灯具设计》,河北美术出版社 2020 年版。

[13] 舒鹏编:《展示照明设计》,辽宁美术出版社 2019 年版。

[14] 王兆丰:《室内照明设计》,兵器工业出版社 2019 年版。

[15] 中国建筑标准设计研究院著、清华大学建筑设计研究院有限公司编:《国标图集 19D702-7 应急照明设计与安装》,中国计划出版社 2019 年版。

[16] 李炳华、岳云涛:《现代照明技术及设计指南》,中国建筑工业出版社

2019 年版。

[17] 陈德胜、赵时珊：《室内照明设计》，辽宁美术出版社 2018 年版。

[18] 杨自强：《中国古建筑照明设计与技术研究》，北京工业大学出版社 2018 年版。

[19] 吴文治、李兴振、陈熙：《照明设计》，哈尔滨工程大学出版社 2018 年版。

[20] 赵忠超：《办公空间照明设计节能研究》，河海大学出版社 2018 年版。

[21] [日] 远藤和广、[日] 高桥翔：《图解照明设计国际照明设计基础教程》，江苏科学技术出版社 2018 年版。

[22] 吴冬梅：《建筑照明设计艺术概论》，人民日报出版社 2018 年版。

[23] 郭喜峰：《建筑电气照明设计与应用》，中国电力出版社 2018 年版。

[24] 王传智：《浅析室内空间照明设计方法》，《艺术大观》2022 年第 31 期。

[25] 金秋子、章倩砺：《基于视觉艺术心理学的室内设计智能照明应用》，《灯与照明》2022 年第 46（3）期。

[26] 牛艺涵：《基于形式语言的室内色彩与照明设计路径分析》，《流行色》2022 年第 8 期。

[27] 胡欣萌：《照明艺术在住宅室内设计中的应用》，《流行色》2022 年第 7 期。

[28] 王亚宁：《室内灯光设计研究》，《光源与照明》2022 年第 6 期。

[29] 鞠广东、吴月淋、王蕾：《三维灯光模拟技术在室内空间照明设计中的应用》，《光源与照明》2022 年第 2 期。

[30] 唐一帆、苗艳凤：《室内照明中灯具设计的要求与应用》，《包装与设计》2022 年第 1 期。

[31] 龙滟澉：《用灯光点亮居住空间——对室内灯光设计的探讨》，《鞋类工艺与设计》2021 年第 1（20）期。

[32] 王小红：《建筑室内疏散通道照明设计》，《智能建筑电气技术》2021 年第 15（5）期。

[33] 孙冰、曹犇：《建筑室内智慧照明设计策略探究》，《建筑与文化》2021 年第 8 期。

[34] 王伟：《住宅空间中照明工程的常见问题与解决方略》，《包头职业技术学院学报》2021 年第 22（2）期。

[35] 丁雷：《照明设计在服装展示中的应用探究》，《大众文艺》2020 年第 9 期。

[36] 喻里遥：《服装专卖店室内照明设计》，《轻纺工业与技术》2021 年第 50（4）期。

[37] 佟贺阳、梁君兰、李伟：《新型照明技术在现代商业空间设计中的应用研究》，《光源与照明》2021 年第 2 期。

[38] 陈祥华：《室内照明中的线元素设计》，《光源与照明》2021 年第 2 期。

[39] 周垚：《室内设计中照明环境艺术研究》，《中华手工》2021 年第 1 期。

[40] 朱宝洁：《绿色环保设计在室内光环境中的运用探讨》，《明日风尚》2021 年第 2 期。

[41] 龚永庆：《室内智慧照明设计策略研究》，《居舍》2020 年第 22 期。

[42] 智青：《住宅空间照明设计研究》，《艺术教育》2020 年第 6 期。

[43] 王立雄、陈天艺、于娟：《开放式办公照明调研与分析》，《建筑科学》2020 年第 36（12）期。

[44] 邹专仁：《家居照明设计策略》，《光源与照明》2020 年第 11 期。

[45] 沈迎九：《用光导览博物馆——博物馆中的情境分析及照明设计》，《灯与照明》2020 年第 44（2）期。

[46] 黄文东、周勤：《浅谈消防应急照明设计理念》，《化工设计》2020 年第 30（5）期。

[47] 刘仁海：《民用建筑备用照明和安全照明设计探析》，《大陆桥视野》2020 年第 10 期。

[48] 李亚国：《基于节律健康照明的光谱与照明设计优化》，《光源与照明》2020 年第 9 期。

[49] 叶凌：《体育场馆赛场照明设计探讨》，《建筑电气》2020 年第 39（9）期。

[50] 龙国跃、李杨：《儿童房照明设计之我见》，《灯与照明》2020 年第 44（3）期。

[51] 徐冰：《博物馆照明设计与展品陈列保护的导向性分析》，《文物鉴定与鉴赏》2020 年第 17 期。

[52] 生枫凯：《博物馆陈列展览中的照明设计探究》，《东方收藏》2020 年第 17 期。

[53] 冯宝亨、谢芬：《室内环境中照明的情感化设计探讨》，《光源与照明》2020 年第 8 期。

[54] 林汉城：《三代同堂的居住空间照明设计探讨》，《家具与室内装饰》2020 年第 8 期。

[55] 张芳、雷博雯：《浅谈人工照明与天然采光在室内设计中的应用》，《企业科技与发展》2019 年第 11 期。

217

[56] 王维:《灯光照明在博物馆陈展设计中的应用研究》,《散文百家》2019年第 10 期。

[57] 基思·布拉德肖:《照明设计的重要性》,《世界建筑导报》2019 年第 34(5)期。

[58] 刘威、张永昌、卢冬晓:《老年人居住空间光环境调研及其照明设计建议》,《艺术品鉴》2019 年第 27 期。

[59] 王谷龙:《论陶瓷茶具展厅的照明设计》,《居业》2019 年第 9 期。

[60] 易亚运:《主题餐厅灯光照明设计探讨》,《灯与照明》2019 年第 43(3)期。

[61] 郑琪、耿涛:《光设计在建筑中应用的必要性与问题分析》,《设计》2019年第 32（15）期。

[62] 付月姣:《室内设计中灯光照明设计探究》,《花炮科技与市场》2019 年第 3 期。

[63] 林定宇:《周浦体育中心篮球馆照明设计》,《光源与照明》2019 年第 4 期。

[64] 刘鹏、杨璐、刘皓:《五星级酒店的照明设计》,《现代建筑电气》2019年第 10（12）期。

[65] 陈志刚、刘虎:《浅议教学楼照明设计》,《科技风》2019 年第 33 期。

[66] 黄晓敏、陈玉珂、杨明洁:《在不同室内空间中的室内照明设计探析》,《居舍》2019 年第 32 期。

[67] 邬靓:《坚持创新引领健康照明技术新方向》,《南昌日报》2022 年 02 月 04 日第 1 版。

[68] 沈建缘、昕诺飞、王昀:《物联网时代的市场需求，正重塑照明行业》,《经济观察报》2021 年 10 月 25 日第 24 版。

[69] 王薛淄:《以科技创新为引领让照明电器服务人民美好生活》,《消费日报》2021 年 9 月 17 日第 A1 版。

[70] 王珍:《从简单照明需求到智能健康化 LED 照明业欲破苦涩现状》,《第一财经日报》2021 年 8 月 5 日第 A10 版。

[71] 史晓菲、张丽娜、王薛淄等:《以人为本高质量建设现代化照明强国》,《消费日报》2021 年 7 月 16 日第 A3 版。

[72] 闫志强:《为照明工程评价提供科学依据》,《中国能源报》2015 年 4 月 27 日第 24 版。

[73] 李勤:《高效绿色照明站在新路口》,《中国科学报》2014 年 11 月 18 日第 7 版。

[74] 王志国:《绿色照明让生活更美好》,《中国建材报》2014 年 4 月 3 日第 3 版。

[75] 王薛淄:《"2022 年中国照明行业十大热点"发布》,《消费日报》2023 年 1 月 17 日第 A1 版。

[76] 伍林芳:《博物馆展陈提升改造中对金属展柜 LED 照明及配电安全的几点思考》,《中国文物报》2022 年 11 月 15 日第 3 版。

[77] 郑璐:《教室照明环境改造等于"换灯"吗？》,《政府采购信息报》2022 年 10 月 24 日第 9 版。

[78] 陈怡:《让"绿色"照明守护安谧夜眠》,《上海科技报》2022 年 8 月 10 日第 4 版。

[79] 王薛淄:《搭建照明全产业链"会＋展"一体化平台》,《消费日报》2022 年 2 月 22 日第 A3 版。

[80] 王伟:《LED 照明：冬奥会最佳"气氛组"》,《中国电子报》2022 年 2 月 15 日第 5 版。

[81] 中国之光网:《全球好设计！ 2020 年 iF 设计奖照明类作品赏析》,2020 年 4 月 12 日，https://www.163.com/dy/article/F9OB9F4J05389P8C.html。

[82] 艺术与设计:《15 款优秀灯具设计，让照明充满格调》,2022 年 4 月 7 日，https://www.163.com/dy/article/H4BUOH5F05148Q26.html。

[83] 广州国际照明展览会:《世界十大体育场馆照明设计赏析》,2022 年 11 月 7 日，https://fashion.sohu.com/a/603394932_120464495。

[84] 东莞森普光电:《照明设计赏析 阿姆斯特丹律所办公室》,2022 年 5 月 27 日，https://www.sohu.com/a/551579913_121063166。

[85] 中国之光网:《2019 年美国 LIT 照明设计奖获奖作品赏析》,2020 年 1 月 13 日，https://www.163.com/dy/article/F1673C1K05389P8C.html。

[86] 中照网:《第 45 届"IES 照明奖"国内四大获奖作品赏析》,2018 年 8 月 16 日，https://www.163.com/dy/article/DPC4GF1405149FN0.html。

[87]Fathalla Selim, Samah Mohammed Elkholy, and Ahmed Fahmy Bendary："A New Trend for Indoor Lighting Design Based on A Hybrid Methodology", *Journal of Daylighting* Vol.7，No.2，2020.

[88]Moyano David B.，Moyano Silvia B.，A$_2$nal Alejandro S., et al："Photometric and colorimetric analysis of light emitting diode luminaires for interior lighting design", *Color Research & Application* Vol.46，No.4，2021.

[89]Anubrata Mondal, Kamalika Ghosh, and Suchandra Bardhan: "An Approach to Interior Lighting Design for a Heritage Building", *Journal of the Association of Engineers* Vol.85, No.1-2, 2015.

[90]C Cuttle: "A fresh approach to interior lighting design: The design objective-direct flux procedure", *Lighting Research & Technology* Vol.50, No.8, 2018.